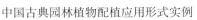

中国古典园林植物配植应用形式实例

现代植物景观设计配植应用形式实例

应用更多的种植形式及形成大尺度的空间效果；应用多种宿根花卉及地被植物来丰富景观层次；应用彩叶植物形成连续的色带以加强视觉冲击力

植物春夏秋冬景观效果实例

植物群落的配植应用形式实例

植物色彩的配植应用形式实例

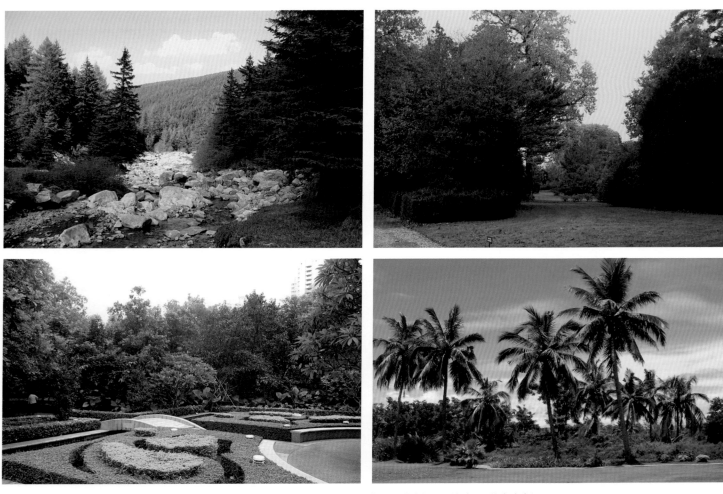

寒带、温带、亚热带、热带的地带性植物景观配植应用形式实例

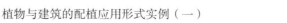

植物与建筑的配植应用形式实例（一）

植物与建筑的配植应用形式实例（二）

植物与水体的配植应用形式实例（一）

植物与水体的配植应用形式实例（二）

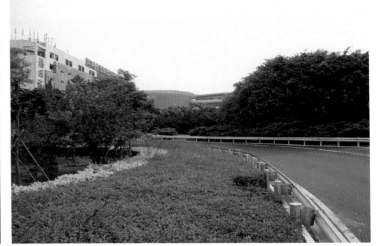

植物与道路的配植应用形式实例

植物与地形的配植应用形式实例

植物与小品的配植应用形式实例（一）

植物与小品的配植应用形式实例（二）

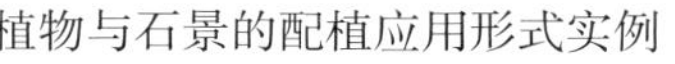

植物与石景的配植应用形式实例

立体绿化的植物配植应用形式实例

图解园林植物造景

第2版

尹吉光　等编著

机 械 工 业 出 版 社

本书结合大量的手绘图阐述了植物造景的综合理论知识，并分类讲述了园林植物与建筑、水体、道路、地形、小品、景石等景观元素的相关知识的基础配置理论。

本书图文并茂，内容丰富，特别利于读者尽快掌握植物配置的基本知识，从而为进一步综合提高植物配置的水平打好基础。该书方便园林及相关专业工作者包括在校学生的自学和参考，对于初步进行园林设计特别是植物景观设计的专业人士来说，具有较高的指导意义。

图书在版编目（CIP）数据

图解园林植物造景/尹吉光等编著. —2版. —北京：机械工业出版社，2011.6（2024.1重印）

ISBN 978-7-111-33782-9

Ⅰ.①图…　Ⅱ.①尹…　Ⅲ.①园林植物-园林设计-图解
Ⅳ.①TU986.2-64

中国版本图书馆CIP数据核字（2011）第043791号

机械工业出版社（北京市百万庄大街22号　邮政编码100037）
策划编辑：罗　筱　责任编辑：罗　筱　林　静
版式设计：霍永明　责任校对：张玉琴
封面设计：张　静　责任印制：郜　敏
中煤（北京）印务有限公司印刷
2024年1月第2版第11次印刷
184mm×230mm · 16.5印张 · 8插页 · 376千字
标准书号：ISBN 978-7-111-33782-9
定价：59.00元

电话服务　　网络服务
客服电话：010-88361066　机　工　官　网：www.cmpbook.com
010-88379833　机　工　官　博：weibo.com/cmp1952
010-68326294　金　书　网：www.golden-book.com
封底无防伪标均为盗版　机工教育服务网：www.cmpedu.com

再版前言

四年前，应机械工业出版社的邀请着手写作这本植物造景的书籍，是凭着年轻人的一腔热情及不知天高地厚之心的结果使然。彼时对园林设计所知实在是极其浅薄，最后虽然勉强完成了此书，但由于水平所限，该书从整体的结构、各章节的理论到相应的图片实例，都存在着很多的缺陷。但没有想到的是，该书出版后却一度较为畅销，前后已重印四次，这对于一个园林设计行业的菜鸟来说，虽然具有极大的鼓励和肯定作用，但更多的是担忧书籍中的不足会影响读者的学习效果。这也是该书完成后，虽然责任编辑邀请我继续编写其他设计书籍，却一直不敢答应的原因，怕自己不成熟的作品误导了求知若渴的广大读者。希望自己能够尽快提高各方面的综合设计水平，在真正对园林设计行业略通皮毛的时候再把一些具体的心得呈献给广大读者。

但是，今年出版社罗筱小姐的再次约稿却让我改变了暂时不打算写书的想法。因为这次是要对该书进行再版，这也符合我近年来对原稿的很多内容进行重新完善的想法。虽然自己仍是设计的门外汉，但毕竟相比四年前多少是有了一些提高，因此想在自己忙碌的工作之余尽快地完成该书的修改工作，也能够或多或少弥补一版作品的不足。

该书写作的初衷是自己在从事设计行业的过程中，发现市面上植物配置的理论书籍较多，而图解的书籍较少，另外植物配置理论的书籍多为园林植物专业的学者所编，对于植物与其他园林要素的综合设计涉及得相对少一些。笔者虽同样出身于园林植物与造景专业，但毕业后一直从事的是综合性的园林设计工作，因此对于园林植物与其他园林要素的综合设计就有了更多的一些体会，这可能也是第一版作品虽然自己认为并不理想，但却仍然有较多读者购买的原因。

既然是图解类的书籍，当然应该以图为主。一版书中的插图主要来源于四部分：一是作者在设计工作中的项目实例；二是临摹了部分书籍中的实际插图和照片；三是考察过程中的速写作品；四是专为此书的需要所绘。园林设计是创造美的行业，园林设计书籍的插图如果能够美轮美奂必会引起读者更大的兴趣。由于笔者的艺术功底较差，一版书中的很多插图严重影响了具体理论的阐述，因此再版中替换了绝大部分质量较差的图片，再者原书中很多的图片并不能准确表达文字所述的含义，再版中也进行了相应的调整修改。由于写作时间和本人能力所限，插图仍然存在很多的问题，希望读者们海涵。虽然再版中插图距离优秀的标准还很远，但毕竟有一些提高，心里就会更加宽慰一些。

再版的另一个重要工作就是重新调整了整体的结构及相关章节的具体文字理论，笔者在修改过程中，清楚地意识到植物配置的理论博大精深，仅靠本书的阐述根本无法涵盖全部。

因此再版书籍没有尝试增加一版中没有论述的内容，而是基本保留了一版的总体架构，重点是对部分章节内不合理的地方进行了相应的调整，对于具体理论的部分，再次逐字逐句地进行了审核，尽量完善了一版时阐述不合理或遗漏之处，删除了部分其他书籍中描述比较详细的部分以使此书文字内容更加精练。

尽管如此，笔者仍然对再版的书籍战战兢兢。生命不息，奋斗不止，园林设计是我热爱并准备为之付出一生的事业，笔者愿意在有生之年能够真正地留一些好的作品与读者共享。读者在阅读此书的时候，如果能够从中感受到几乎全部为笔者手绘的插图所付出的艰辛的努力，从而激励自己的学习探索，为园林行业作出更多的贡献，那么笔者就会非常欣慰了。

笔　者

2010 年 10 月于北京

前言

园林是反映社会意识形态的空间艺术，园林景观是由多种元素有机结合共同组成的。在这些园林构成要素中，植物是最重要的组成部分之一，它是宏观上调控园林整体空间的根本元素。利用园林植物的各种天然特征，如色彩、姿态、质地、季相变化等，本身就可以构成各种各样的环境空间，并形成引人注目的视觉焦点。

植物还可以根据园林中各种功能的需要，与建筑、水体、道路、地形、小品、山石等紧密结合共同营造特色景观。建筑的植物配置在园林设计中占有很大的比重，植物配置能够强化建筑形体的园林氛围，而建筑也往往成为植物景观的点睛之笔；雕塑、喷泉、廊架等景观小品也常用植物材料装饰，或形成背景，通过色彩的对比和空间的围合来加强人们对景点的印象，产生烘托效果；园林植物与地形山石相配，能表现出地势起伏、野趣横生的自然韵味；园林植物与水体相配则能形成倒影或遮蔽水源，营造出或辽阔或深远的感觉。科学的植物配置能够加强这些景观元素的观赏价值，从而创造出更加丰富多变的景观空间类型。

随着人们对于自身环境的关注和植物对于环境质量的改善作用，当今的景观设计已经越来越重视植物科学合理的配置。因为植物配置对于提高整个景观区域的品质具有极为重要的作用，因此在景观设计中有必要充分研究其理论及具体的配置方法，从而提高设计水平和景观的质量。现在已有许多介绍植物配置的书籍及其他许多相关资料，对植物配置的理论进行了比较深入的探讨，但是对于指导植物造景实践且形象直观、操作性强的资料相对较少，这就给园林工作者特别是进行植物配置设计人员的学习参考带来了一定的难度。因此，我们组织具有丰富经验的景观设计师、园林科研人员编写了本书。

本书采用通俗易懂的表达方式，特别是运用大量的平面图及透视图来对植物景观营造的理论知识进行系统化的阐述，并根据全国各地景观设计中的优秀植物配置实例进行透视图及平面图的解析，以细致地表达植物配置的造景艺术，从而使植物造景基础知识的学习及应用更加简便，以尽快提高广大景观设计者及园林工作者的植物造景水平。

感谢张宝鑫先生对本书部分内容的审阅和整理，感谢何丽芳女士给予编辑方面的热情帮助，感谢罗敏女士、田松先生、苏澎波先生等对书稿提出宝贵的建议，感谢所有关心和帮助我的师长和朋友们。

由于编者水平有限，加之成书时间比较仓促，书中错误和疏漏在所难免，希望各位专家与同行批评指正。

目录

第一章

绪　论

园林植物景观的营造，是在满足植物对各种生态因子需要的基础上，充分发挥乔木、灌木、草本植物以及藤本植物等素材本身的形体、线条、色彩、质感等方面的形态特征，通过艺术手法进行合理的配置，创造与周围环境相适应、相协调并表达一定意境、具有一定功能的艺术空间。

园林植物配置，主要是利用植物并结合其他素材，在发挥园林综合功能的需要、满足植物生态习性及符合园林艺术审美要求的基础上，采用不同的构图形式组成不同的园林空间，创造出各式园林景观以满足人们观赏、游憩及发挥生态功能的需要。植物是营造园林景观的主要素材，即使是在城市景观设计中，植物配置也占有重要的地位，成为景观设计的重要组成部分。园林景观能否达到美观、实用、经济的效果，很大程度上取决于园林植物的合理配置，才能组成相对稳定的人工栽培群落，创作出赏心悦目的园林景观。

园林植物配置的内容主要包括两个方面：一是各种植物相互之间的配置，考虑植物种类的选择与组合，平面和立面的构图、色彩、季相以及园林意境；二是植物与其他园林要素如山石、水体、建筑、园路、小品等之间的搭配。

随着环境建设的发展和人们审美意识的不断提高，现代园林植物配置更加注重植物材料的开发和优化利用。植物景观的营造不仅仅作为人们单一审美情趣的反映，而是兼备了生态、文化、艺术、生产等多种功能的园林景观创造。研究并提炼传统园林景观的植物配置理论，结合先进的园林设计理论的发展，创造出满足现代人生活、审美需求且具有时代特色的植物景观，对于我们每个园林工作者来说是责无旁贷的。

第一节　植物配置在景观设计中的作用

一、园林植物的景观作用

随着社会经济的快速发展，人们生活水平不断改善，对于自身生活环境的要求也日益提高。但是在现代城市中，人口膨胀、建筑楼群密集、城市下垫面的改变等导致“热岛效应”的产生并不断加剧，人开始与自然日渐隔离并使得生态平衡逐渐失调，因此人们对绿色空间更加向往。园林植物的大量应用，是改善人类的生活环境的根本措施之一。和谐、科学地营造园林植物景观的重要目的正是为了促进人类社会的可持续发展，满足构建社会主义和谐社会的需要。在现代景观设计中，重视园林植物造景的呼声日益高涨，其在园林景观设计中的主体地位也越来越明显。

园林植物种类繁多，形态各异，在生长发育过程中呈现出鲜明的季相变化，这些特点为营造丰富多彩的园林景观提供了良好的条件。园林植物在园林景观营造中有以下几个方面的重要作用。

（一）表现时序景观

在景观设计中，植物不但是“绿化”的元素，还是万紫千红的渲染手段。随着时间的推移和季节的变化，植物自身经历了生长、发育、成熟的生命周期，表现出发芽、展叶、开花、结果、落叶以及植株由小到大的生理及形态变化过程，形成了叶色、叶型、花貌、色彩、芳香、枝干、姿态等一系列色彩和形象上的变化。每种植物或植物的组合都有与之对应的季相特征，在一个或几个季节里总是特别突出，为人们带来了最美的空间感受，如春季繁花似锦、夏季绿树成荫、秋季硕果累累、冬季枝干遒劲。这种盛衰荣枯的生命规律为创造四季演变的时序景观提供了有利条件，如图 1-1 所示。把具有不同季相的植物搭配种植，使得同一地点在不同时期具备不同的景观效果，能给人以不同感受的时令变化。

（二）形成空间变化

在空间上，植物本身是一个三维实体，是园林景观营造中组成空间结构的主要成分。植物就像建筑、山水一样，具有构成空间、分隔空间、引起空间变化的功能。植物造景可以通过人们视点、视线、视境的改变而产生“步移景异”的空间景观变化。如图 1-2 所示，是某居住区公园景观设计总平面图，此绿地空间变化丰富，道路曲折有致，植物种植形式多样，可以看出随着园林空间和园路路线的变化，结合多变的植物造景形式，呈现出多种从半开敞空间、开敞空间到封闭空间的不同类型休闲空间的植物景观效果。例如，入口区是半开敞空间的一个典型实例，如图 1-3、图 1-4 所示；而楼间的规则式树阵广场，在生长季节为覆盖空间，乔木落叶后就变成了半开敞空间。

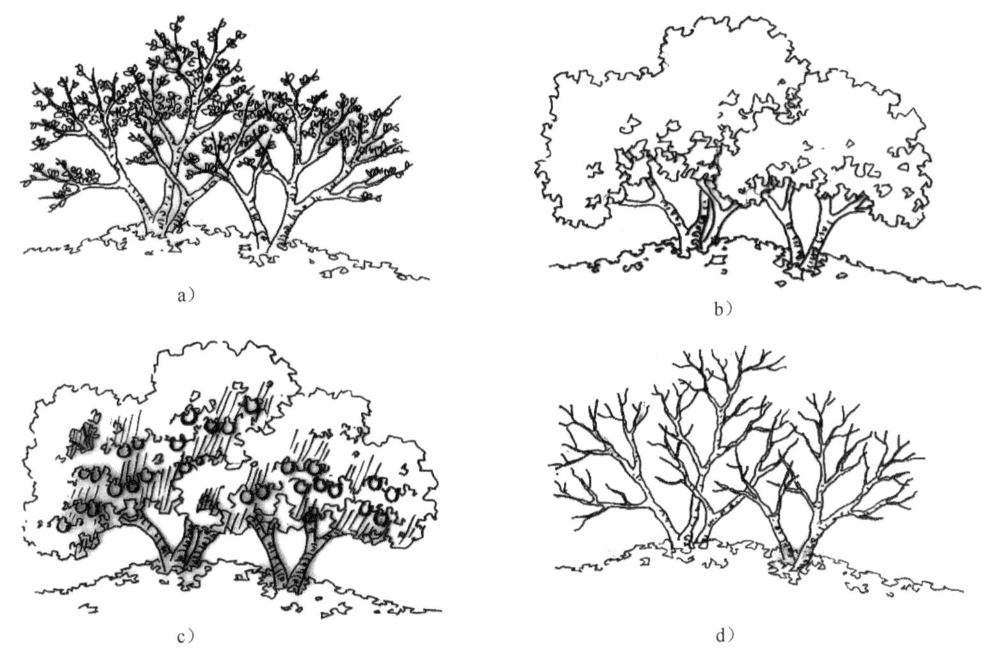

图 1-1 植物的季相变化

a) 春 b) 夏 c) 秋 d) 冬

注：春季观花，夏季观叶，秋季观果，冬季观枝，表现出极强的季相特征。

一般来说，园林植物构成的景观空间可以分为以下几类。

1. 开敞空间 开敞空间是指在一定区域内人的视线高于四周景物的植物空间，开敞空间内一般只种植低矮的灌木、地被植物、草本花卉、草坪等。在较大面积的开阔草坪上，除了低矮的植物以外，如果散点种植几株高大乔木，并不阻碍人们的视线，这样的空间也称得上开敞空间，如图 1-5 所示。开敞空间在开放式绿地、城市公园等园林类型中非常多见，像大草坪、开阔水面等，其视线通透、视野辽阔，容易让人心胸开阔，心情舒畅，产生轻松、自由的满足感。根据功能和设计的需要，开敞空间的尺度可以相应的变化。如在小型庭园中，虽然尺度较小，视距较短，四周的围墙和建筑高于视线，但采用疏密有致的种植形式，仍然能够形成有效的开敞空间，如图 1-6 所示。

2. 半开敞空间 半开敞空间是指在一定区域范围内，周围并不完全开敞，而是有部分视角被植物遮挡起来的功能空间。从一个开敞空间到封闭空间的过渡就是半开敞空间，它可以由植物单独形成，也可以借助地形、山石、小品等园林要素与植物配置共同完成。半开敞空间的封闭面能够抑制人们的视线，从而引导空间的方向，达到“欲扬先抑”的效果。如从一个区域进入另一个区域，设计师经常会采用这种手法，在开敞的入口某一朝向用植物来阻挡人们的视线，使人们一眼难以望到尽头，待人们绕过障景物，进入另一个区域就会豁然开朗，心情愉悦，如图 1-7 ~ 图 1-10 所示。

图 1-2　植物景观空间丰富的某居住区公园的平面布置

①开敞空间　②覆盖式半开敞空间　③封闭空间　④半开敞空间

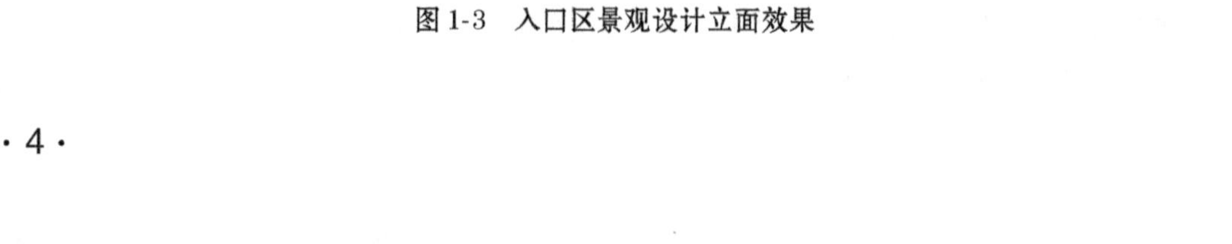

图 1-3　入口区景观设计立面效果

图 1-4　入口区景观设计透视效果

注：入口区设计成休闲广场的形式，在造型别致的铺装上设置了大小不一的绿岛，种植的小乔木约束了视线，形成了半开敞空间的格局，使入口区极富趣味性，同时也保证了小区的适当私密的效果。

图 1-5　开敞空间透视效果

注：大尺度区域的园林植物设计充分显示了开敞植物空间通透、辽阔的视觉效果。

图 1-6 小庭院开敞空间透视图

注：庭院面积较小，在四周种植密集的植物而保持中间开敞，能够达到小中见大的效果，也是开敞空间的一种形式。

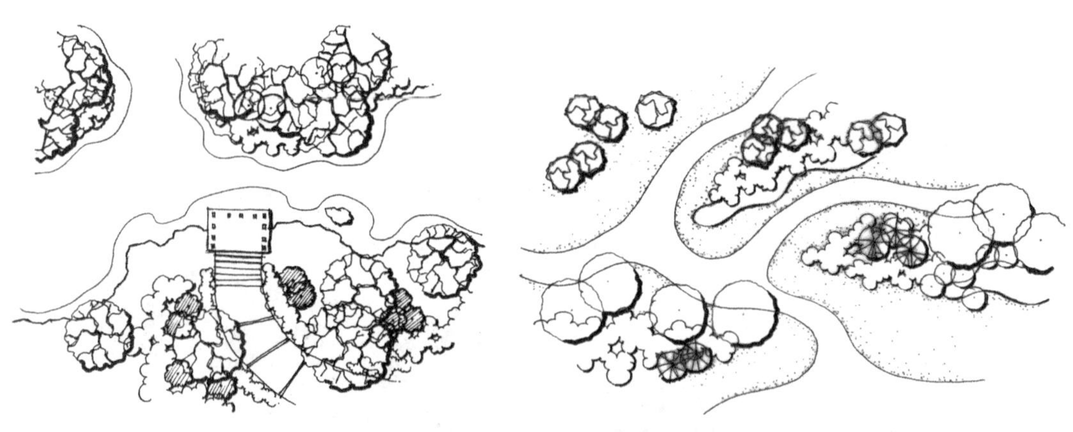

图 1-7 半开敞空间平面布置之一　　图 1-8 半开敞空间平面布置之二

3. 封闭空间 封闭空间是指某特定的区域范围用植物材料封闭或遮挡起来的景观空间。在此空间内人的视距缩短，视线受到制约，近景的感染力加强，容易产生亲切感和宁静感。在园林绿地中，这种小尺度的空间私密性较强，适合人们独处或安静休憩。封闭空间按照封闭形式的不同又可分为覆盖空间和垂直空间。

覆盖空间通常位于树冠下与地面之间，通过植物树干的高分枝点，用浓密的树冠来形成空间感。高大的乔木是形成覆盖空间的良好材料，此类植物分枝点较高，树冠庞大，具有很

图 1-9　半开敞空间透视效果之一

注：进入水面开敞空间之前，经过由植物所形成的半开敞空间，达到了欲扬先抑的效果。

图 1-10　半开敞空间透视效果之二

好的遮阴效果，且树干占据的空间较小，所以无论是几棵还是成片的树群都能够为人们提供较大的活动空间和遮阴休息区域，如图1-11、图1-12所示。此外，攀援植物利用花架、拱门、木廊等攀附在其上生长，也能够形成有效的覆盖空间，如图1-13、图1-14所示。

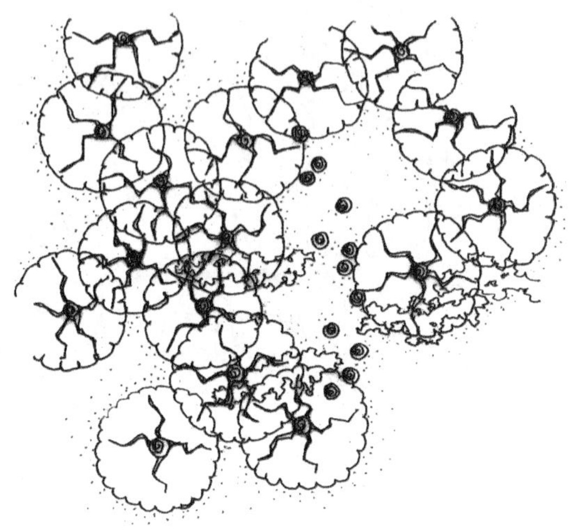

图1-11　覆盖空间平面布置

用植物封闭垂直面，开敞顶平面，就构成了垂直空间。那些分枝点较低、树冠紧凑的乔木形成的树列以及修剪整齐的高树篱都可以构成垂直空间。由于垂直空间两侧几乎完全封闭，视线的上部和前方较开敞，很容易产生“夹景”的效果，能够突出轴线顶端的景观。狭长的垂直空间可以凸显前方优美景物并加深空间感，引导游人的行走路线，对空间两侧也起到了遮挡不雅景观的作用，如图1-15所示。另外在纪念性园林中，园路或中轴线两侧常常栽植高大乔木及常绿松柏类植物，中间形成开敞的垂直空间，能够极好地烘托尽端的高大纪念碑，产生庄严、肃穆的崇敬感，如图1-16所示。

图1-12　覆盖空间透视效果之一

注：茂密树林里由浓密树冠形成的覆盖空间，形成了很好的遮阴效果，并有一种幽静的气氛。

图 1-13　覆盖空间透视效果之二

注：在古典欧式廊架周边种植攀援植物，使其攀爬于古典铁艺花饰之上，就构成了有效的覆盖空间。

图 1-14　覆盖空间透视效果之三

注：成年的紫藤枝繁叶茂，构成了独立、幽静的覆盖空间。

图 1-15　垂直空间透视效果之一

注：园路两侧高大雄伟的乔木树阵，有效地引导了游客的视线，形成了典型的垂直空间。

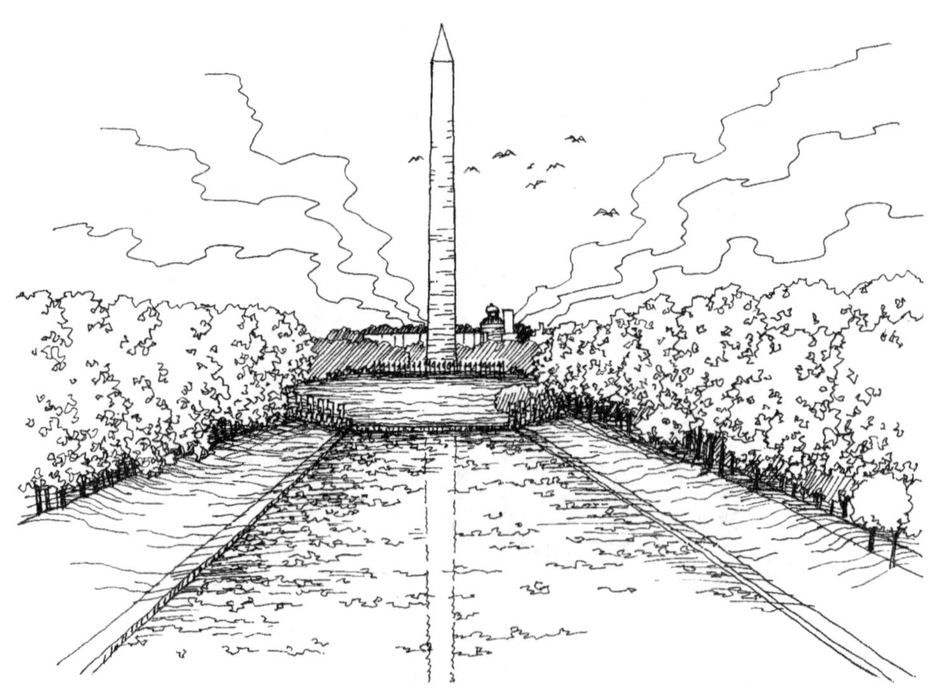

图 1-16　垂直空间透视效果之二

注：林肯纪念碑前的植物配置以高大的乔木在中轴线两侧栽植，形成较为开敞的垂直空间的效果，突出了中间宏伟壮观的主体雕塑。

4. 动态空间 动态空间是指随植物的季相变化和植物生长形态变化而变化的空间。植物景观的空间分类不可能离开时间这个概念，也就是说它不可能离开春夏秋冬的季相变化和年复一年的年际变化。

图 1-17 动态空间透视效果之一（夏季）

植物季相的变化，极大地丰富了园林景观的动态空间构成，也为人们提供了各种可选择的空间类型。季相变化最大的就是植物的形态，它影响了一系列的空间变化序列。例如林荫广场在春夏季节鲜花烂漫、浓荫匝地，是一个典型的封闭覆盖空间；秋季落叶后就变成了一个半开敞空间，温暖的阳光能够穿过枝条照射到地面上，从而形成冬暖夏凉的小气候，满足人们在树下活动的需要，如图 1-17、图 1-18 所示。另外，不同的树种从幼

图 1-18 动态空间透视效果之二（冬季）

注：日本崎玉榉树广场是高大乔木形成的开放性广场空间，在生长季节尤其是夏季浓荫蔽日，在冬季落叶后光影斑驳，为市民的室外休闲提供了良好的场地，是动态空间变化的一个优秀实例。

年到青年到成年的过程中，树的姿态都会有所变化，可能会经历从开敞空间、半开敞空间和封闭空间的动态发展过程。因此在进行植物配置的时候，应充分考虑不同季节和不同时期植物所呈现的不同景观效果，如图1-19所示。

图1-19　动态空间变化的立面效果

a）树木幼年期　b）树木青年期　c）树木成年期

注：一组油松群落由年轻到成熟的景观效果，显示了一个有机的动态空间变化。

（三）创造观赏景点

园林植物作为营造景观的主要材料，其本身就具有独特的姿态、色彩及风韵之美。不同的园林植物形态各异，变化万千，既可以孤植来展示植物的个体之美；又能按照一定的构图方式进行配置以表现植物的群体之美；还可根据各自生态习性进行合理安排，巧妙搭配，营造出乔、灌、藤、草相结合的群落景观。

园林乔木是构成园林植物景观的主要元素，如银杏、毛白杨等树干通直，气势雄伟；老年油松、侧柏等曲虬苍劲，质朴古拙；铅笔柏、圆柏则亭亭玉立。秋季变色叶树种如枫香、乌桕、黄栌等大片种植可形成层林尽染的景观；许多观果树种如海棠、山楂、石榴、柿树等，其累累硕果可以呈现一派丰收景象。这些树木孤立栽培或者群植，皆可构成园林主景，如图 1-20 所示。

图 1-20 乔木配置透视效果

注：河边成片的杨树林形成的乔木景观，既能提供清凉的休息环境，又具有雅致的景观效果。

园林灌木或者具有美丽的花朵，或者具备宜人的树形，在园林植物景观中也具有不可或缺的地位。灌木往往以丛植为主，以充分表现群体美的观赏特性，如成片种植榆叶梅、连翘、紫荆、杜鹃等，在春季的盛花期会形成绚烂的花海，具有极强的视觉冲击力。在小空间的绿化中，利用多种灌木搭配栽植，能够形成尺度适宜、层次丰富的植物景观，如图 1-21 所示。同时，将许多观赏价值较高的灌木如紫薇、碧桃、西府海棠、金凤花等，作为孤植树也极为优雅。

藤本植物在园林设计中具有独特的作用。它们一是能够作为攀援植物美化墙垣、坡面、山石等形成立体的植物景观，如图 1-22 所示；二是能够攀爬廊架、花架等并与之结合形成独立的景致；三是可以作为地被植物进行应用形成地被植物景观。

色彩缤纷的草本花卉更是创造观赏景观的好材料，由于花卉种类繁多、色彩丰富、株型不一，因此在园林中应用十分普遍，形式也多种多样。草本花卉既可露地栽植，组成花境，又能盆栽摆放组成花坛、花带，或采用各种形式的种植容器栽植，点缀不同区域的城市环境，创造赏心悦目的主题园林景观，以烘托喜庆气氛，装点人们的生活，如图 1-23 所示。

图 1-21　灌木配置透视效果

图 1-22　智利圣地亚哥富恩萨利达住宅（Fuenzalida House）
藤本植物配置透视效果

图 1-23 草本花卉配置透视效果

注：以低矮的绿篱分隔成规则式的种植区，栽植不同的草本花卉，既便于管理，又具有不同的季相景观，花卉中设置的陶罐增添了活泼的气氛。

许多园林植物芳香宜人，能使人产生愉悦的感受。如桂花、蜡梅、白兰花、茉莉、丁香、月季等具香味的园林植物种类繁多。在园林景观设计中既可利用各种香花植物进行集中配置，营造成“芳香园”景观，也可单独种植成专类园，如丁香园、月季园。另外，还可在人们经常活动的区域（如盛夏夜晚纳凉场所）附近种植茉莉花、晚香玉、薰衣草等植物，微风送香，沁人心脾，如图 1-24 所示。

另外还有许多具有奇特观赏特征的植物，如观果、观花、观叶、观干或观枝的植物，都可以群植、丛植或孤植栽培观赏，形成独特的园林植物景点，如图 1-25 所示。

（四）利用园林植物形成地域景观特色

各地气候条件的差异及植物生态习性的不同，使植物的分布呈现一定的地域性，如热带雨林及常绿阔叶林景观、暖温带针阔叶混交林景观等各具特色。不同地域环境形成的不同植物景观，能够减少相似硬质景观给绿地带来的趋同性。各地在漫长的植物栽培和应用观赏过程中，具有地方特色的植物景观还与当地的文化融为一体，甚至有些植物材料逐渐演化为一个国家或地区的象征，如加拿大的枫叶、日本的樱花等都为世人皆知。运用具有地方特色的植物营造植物景观，对于弘扬地方文化，陶冶人们的情操具有重要意义。例如北京大量种植国槐和侧柏，云南大理山茶遍野，深圳的叶子花也随处可见，海南的椰子树更是极具热带风光，它们都具有浓郁的地方特色和文化气息。在园林植物景观设计中根据环境气候等条件选择适合生长的植物种类，营造具有典型地方特色的景观，是世界各地景观多样性的主要原因之一，如图 1-26、图 1-27 所示。

图 1-24　芳香植物配置透视效果

注：芳香植物规则式成行栽植，反映了典型的欧洲景观特色和第二自然的特征，管理方便，开花季节具有极佳的观赏效果和宜人的芳香气味。

图 1-25　乔木群植透视效果

注：在白雪皑皑的冬季，成片的白桦林以其优雅的姿态和洁白的枝干形成了独具特色的北国风光。

图 1-26　温带冬季植物景观透视效果

注：温带一年四季季相变化明显，特别是冬季万木扶疏的植物景观，是我国北方所独有的特色景观。

图 1-27　热带植物景观透视效果

注：这是玛莎·施瓦茨设计的园林景观，极具热带风情的椰枣树规则式的种植，形成引人入胜的景观效果。

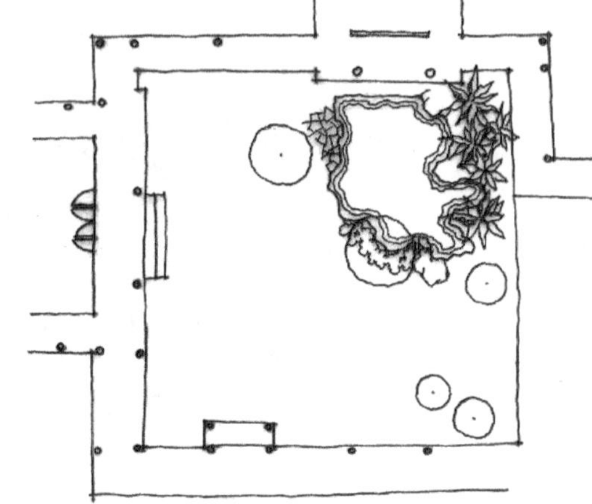

（五）利用园林植物进行意境的创作

利用园林植物进行意境创作，是中国古典园林的典型造景风格和宝贵的文化遗产。中国植物栽培历史悠久，形成了灿烂的园林文化，很多诗、词、歌、赋中都留下了赞颂植物的优美篇章，并为许多植物材料赋予了人格化的内容，从欣赏植物的形态美升华到欣赏植物的意境美，达到了天人合一的理想境界。如图 1-28 所示，为苏州拙政园听雨轩景区，具有传统韵味的植物景观能够在雨天表现出“雨打芭蕉”的高雅意境。

古典园林景观创造中经常借助植物抒发情怀，寓情于景，情景交融。例如，松苍劲古雅，不畏霜雪严寒的恶劣环境，能在严寒中挺立于高山之巅；梅花不畏寒冷，凌寒傲雪怒放，“遥知不是雪，为有暗香来”；竹则“未曾出土先有节，纵凌云处也虚心”。这三种植物都具有坚贞不屈、高风亮节的品格，被称作“岁寒三友”。此外梅、兰、竹、菊被称为“四君子”；还有兰花生于幽谷，叶姿飘逸，清香淡雅，绿叶幽茂，却没有娇弱的姿态，更没有媚俗之意，在景观营造中将其摆放室内或植于庭院一角，其意境会非常高雅。在园林植物景观营造中，这些特定而鲜明的意境已经成为多数设计者的共识。

图 1-28 古典植物配置平面布置及透视效果

（六）利用园林植物起到遮挡作用

园林植物具有优美的自然形态和富有变化的季相特征，它们既可以装饰砖、石、灰、土等构筑物的单调背景，也可以用来遮挡其他不雅景观或不想让游人参观的区域。这种处理手法不仅能提高总体的景观品质，在观赏效果上显得自然活泼，而且高低错落的植物还可以营造含蓄幽静的景

图 1-29 植物景观遮挡透视效果

注：对建筑进行局部的遮挡，不仅能够美化造型简单的建筑，而且可以有效地增加景深。

观印象，从而有效扩大景观的空间感，增加绿视率，产生其他材料所不能达到的一些独特效果，如图 1-29 所示。

（七）利用园林植物装点山水、衬托建筑小品等

在堆山、叠石之间以及各类水岸，可以运用园林植物来进行美化，能够有效地衬托和强化山水气息，增加山的灵气和水的秀气，突出这些重点区域的观赏效果，如图 1-30 所示。另外，建筑小品等景观元素更需要树木、花草的配置，以产生与自然的和谐联系，形成一个绿色的有机整体。

图 1-30 植物与山石配置透视效果

注：植物与山石的配置增加了龙井的灵气及意境。

二、园林植物的生态作用

城市绿地改善生态环境的作用，主要是通过园林植物的生态效益来实现的。群落化种植的绿地结构复杂、层次丰富、稳定性强且防风、防尘、降噪、吸收有害气体的能力明显增强。因此，在有限的城市绿地中建设尽可能多的植物群落景观，是改善城市环境、建设生态和谐园林的必由之路。植物对环境的生态作用主要体现在以下几方面。

1. 改善气候　在夏季，绿地区的温度都明显低于无绿地的区域。这是由于绿色植物对阳光直射的阻挡以及蒸腾散热等作用造成的。据测定，在夏季绿化地区内气温较非绿化地区低3～5℃，比建筑物地区低10℃左右。有数据表明，绿地面积每增加1%，城市气温可降低0.1℃。而在冬季有植被覆盖的区域，相比无植被区域其温度可增加2～4℃。

2. 净化空气　城市绿地能够有效地净化空气，提高空气质量。一方面，大片的植被能使气流受阻，从而降低风速，使空气中的一些污染物沉降下来；另一方面，植物具有杀菌作用，绿地相对其他区域而言，其含菌量显著降低。据测定，城市建筑物室内空气中含菌率比公园大400倍，比林区大10万倍；林区每立方米大气中有细菌3.5个，而人口稠密的城市可高达3.4万个。

3. 降低噪声　噪声有损人体健康，在城市已成为较为普遍的社会公害。根据测定，40m宽的林带可以减少噪声10～15分贝（dB），而城市公园里成片的树林可使噪声降低26～43分贝（dB）。在没有树木的大街上，噪声要比树木葱郁的大街增加4倍。

4. 保持水土　绿地有致密的地表覆盖层和地下树、草根层，因而有着良好的固土作用。据报道，草类覆盖区泥土流失量只有裸露地区的1/4。据有关部门测算，每亩绿地平均比裸露土地多蓄水20m^3左右，以此可推算，千万亩绿地无疑是一座硕大的地下水库。

5. 吸收二氧化碳，制造氧气　人们维持生命所需的氧气，就是绿色植物吸收了空气中的二氧化碳，并通过光合作用释放出来的，因此绿色植物无疑是人类生存的基础。

三、植物景观的社会作用

人类的生活离不开自然环境，而园林则是模拟自然景观的伟大成果。植物景观的社会作用，首先是为居民提供休憩的空间。建植于住宅区、医院、公园、广场等处的绿地，是供人们工作、学习、劳动之余休息和疗养的场所，尤其是占人口20%～30%的60岁以上老人和10岁以下儿童的主要活动场地。

其次，是调节人类生理机能。在现代社会中，由于工作生活节奏加快，人的精神状态高度紧张，因此工作、学习后需要适当放松。而优美的绿化环境和新鲜的空气，可以有效缓解人的精神压力。另外，医学研究证明，绿色环境有利于高血压、神经衰弱、心脏病等病人更快恢复健康。

第三，改善城市面貌和投资环境。一个优美、整洁、绿意盎然的现代城镇，不仅可以改善居民的生活质量，而且绿化建设也体现了一个城市的品位和精神文明程度，从而也有利于改善投资环境。环境改善会提升档次，使城市的发展更有潜力及竞争力。

第四，生态园林绿地使植物景观成为人们走向自然的第一课堂，以其独特的方式启示人们应与自然和谐共处，尊重自然的客观规律。例如，创建知识型植物群落，激发人们探索自然的奥秘；构建保健型植物群落，让人们同植物和睦相处，热爱生活；观赏型植物群落则激发人们爱美、爱环境、保护自然的意识。通过对自然界荣枯变化（生长、开花、凋谢、季节变换）和生命活动（鸟类、小动物等）的接触，还可以促进孩子们的自觉性、创造力、想象力，以及热爱生活和积极进取的精神。

四、植物景观的经济效益

植物景观的经济效益分为直接经济效益和间接经济效益。直接的经济效益，主要表现在城市绿化正在日渐成为社会经济的一个全新的产业体系，其次园林植物本身具有多种可直接利用的经济价值。植物景观的间接经济效益远远大于其直接经济效益，主要体现在释放氧气、提供动物栖息场地、防止水土流失等。据相关部门测算，植物景观的间接经济效益是其直接经济效益的 8 ~ 16 倍。

第二节 中国古典园林植物配置

中国古代园林植物配置的记载，最早见于宋代的有关花谱、花艺一类书籍中；明代《群芳谱》、《园冶》、《长物志》中均已开始论及；清代的《广群芳谱》、《花镜》中已经有了更为详细的花卉配置说明。中国古代的植物配置艺术给我们留下了宝贵的财富，对于当今的植物景观营造具有很高的指导价值和借鉴意义。

一、中国古典园林植物配置概述

中国古典园林作为一个园林体系，在世界园林发展史上占有极为重要的地位。尤其在立意命题、园林布局、掇山理水、建筑营构、花木配置等方面都形成了自己的特色，也曾影响到欧洲自然式园林风格的形成。中国古典园林体系属于风景式园林，是山水画的立体化，即运用山水画二维空间的手法创造出由山、水、建筑、花草树木等组成的三维空间的自然山水园。其中，花木是构成古典山水园林景观必不可少的要素，能赋予园林以视觉、嗅觉与听觉等诸多方面的美感。中国山水画借笔墨书写天地万物，强调“外师造化，内得心源”，注重“神似”，追求气质俱盛。在植物景观的创造中，就是运用“神似”的画理，结合植物的内涵来塑造园林景观。山水画艺术对造园、植物配置等产生了潜移默化的影响，园景融进了画意，画理指点了植物配置。

古典园林植物配置的最大特色是师法自然，追求“源于自然、高于自然”的境界，在人造庭院中再现自然景观。即使是在面积很小的园林中，也遵循“三五成林”的种植方式，创造“咫尺山林”的意境，运用少量树木艺术性地概括表现天然植被的气象万千。古代的文人雅士和造园匠师对园林植物的认识比较深刻，能根据植物的生态习性和表现形态赋予其人格化的比拟。因而就有“梅花清标韵高，竹子节格刚直，兰花幽谷品逸，菊花操介清逸”之说，并喻为“四君子”。这样的认识使得人们在园林中着重欣赏植物的个体美，植物配置以孤植方式居多，且极少修剪。

在中国古典园林中，植物同其他园林要素紧密结合配置，无论山石、水体、园路和建筑都以植物衬托，甚至许多景点也以植物命名，如万壑松风、樱桃沟、桃花溪、海棠坞、桐剪秋风、梧竹幽居等，充分反映出中国古代“将诗情画意写入园林”的特色，加强了景点的植物氛围，如图 1-31 所示。还有许多以植物命名的建筑物如藕香榭、玉兰堂、万菊亭、十八曼陀罗馆等。建筑物是固定不变的，而植物是随季节、年代变化的，这就加强了园林景物中静与动的对比，赋予建筑无限的生机。

图 1-31　植物与古典建筑配置透视效果

注：植物配置在中国古典园林中占据了十分重要的地位，对于整体的氛围营造更是必不可少。

二、中国古典园林植物的配置方式

在漫长的中国古典园林建设史上，形成了园林植物配置自成体系的类型和方法，如栽梅绕屋、堤弯宜柳、槐荫当庭、移竹当窗、悬葛垂萝等，都反映出中国古典园林植物配置的特有风格。另外，也有集中种植某一种具有特色的植物成为专类园的做法，如西汉上林苑中的扶荔宫；宋代洛阳的牡丹园；明清时代园林中的枇杷园、竹园、梨香院、芭蕉坞等。这些配置形式一直流传到现在，对于现代园林植物配置有着很好的借鉴意义。

在配置古典园林中的花木时，从景观的艺术构成出发既要讲究“景因境异”，也应考虑到园址的环境、地形、阴阳向背和各种花木的生物学特性以及形态特征等。例如线条、姿态、体形、色彩、香味等特点，并以不整形、不对称、不成行列的自然式配置为主要方式，使之各得其所。另外，古典园林的花木栽植非常讲究苍劲与柔和相配合，乔木、灌木与地被相配合，落叶树与常绿树相配合，利用树木的大小、枝叶的疏密、亮度的明暗、色彩的对比与协调等构成变化多样的景色，形成自然山林的主题，如图 1-32 所示。

图 1-32 植物与古典建筑配置透视效果

古典园林的花木栽植是我国造园艺术的一份宝贵财富。它较好地处理了植物与建筑、山石、水体、园路之间的关系，把花木与建筑、假山等硬质造园素材互相穿插、渗透、融合成不可分割的整体，取得了很好的观赏效果。我们应当在今后的造园实践及城市生态环境建设中研究其精髓，并予以继承和发扬光大，更好地为现代园林建设服务。

（一）花木与建筑的配置

古典园林的独特建筑布局，一般都会形成各种大小不同的前庭、后院、天井等空间，在造园时经常采用墙隅种植或构建树石小品等形式，与形态各异的漏窗、洞门相结合，形成多种多样的画面和框景效果，使不同园林空间之间的衔接充满趣味性，如图 1-33 所示。例如苏州留园入口处，用树石小品等形成生动活泼的场景，点缀了由建筑和围墙围成的大小与明暗不同的庭院、天井，加强了入口的“抑景”效果和连续的节奏感，引人入胜。

图 1-33　植物与古典园门配置透视效果

注：花木与建筑的配置，通过月洞门后的透视加深了景观的层次。

在古典园林建筑中，由洞门等形成框景的实例很多，例如拙政园内由“枇杷园”洞门透视“雪香云蔚亭”一带山景，是一幅极好的折扇画；通过圆洞门由“梧竹幽居”透视“别有洞天”后的北寺塔，其视距深远，景色丰富；通过“竹外一枝轩”圆洞门由网师园的“集虚斋”透视“射鸭廊”旁的黑松，则是图案化了的框景。

在古典园林中，由漏窗形成的框景以留园和网师园最为突出。留园“楫峰轩”的北天井用竹石作墙隅配置，通过漏窗形成一幅幅画面；“石林小院”和“鹤所”则利用罗汉松、南天竹、黄杨、芭蕉和景石等，通过洞门和空窗形成丰富的画面；网师园“看松读画轩”和“殿春簃”的北天井对着漏窗，用慈孝竹、蜡梅与湖石组合成窗画，坐在室内可以北面观画，南面赏景。

（二）花木与山石的配置

花木与山石的配置，也是古典园林中花木配置的精彩部分之一。古典园林中的假山常分为土山、“土包石”假山和“石包土”假山。土山是指完全以自然土壤堆成的假山，“土包石”假山则是以山石为主体，外部堆积较厚的土壤，土山或“土包石”假山以土壤为主体，它们的花木配置多采取复层混交方式，旨在形成类似于山林的植物景观，如苏州拙政园东部“放眼亭”土山、中部山岛、沧浪亭假山、艺圃假山等；“石包土”假山，是指有驳岸或挡土墙的假山，在靠驳岸或挡土墙一边，为显示假山的陡峭峻拔，常栽植枝干虬曲的花木，或将花木修剪成半悬崖形，使枝条斜出假山之外，以与假山相呼应，如苏州留园、狮子林假山的花木配置。石山土壤较少，怪石嶙峋，多数情况是在石山上留好种植穴，选择造型优美的松、柏、黄杨、紫薇、梅花、南天竹等，在配置时不使之过分浓密，仿佛从石缝中长出，达到一种宛自天成的效果。如怡园“螺髻亭”峭壁、耦园东部黄石峭壁、环秀山庄的悬崖峭壁等，如图 1-34 所示。

图 1-34 植物与山石配置透视效果

注：苏州环秀山庄的植物与山石建筑的搭配，浑然一体。

（三）花木与水体的配置

花木与水体的配置在古典园林中也非常受重视，其设计往往别具匠心。古典园林水池边通常是假山驳岸或条石驳岸，植物配置通常在驳岸内种植一些不阻挡视线的花木，如迎春、探春等垂挂于驳岸上，或在假山石上攀爬地锦、薜荔、络石等藤本植物，使假山驳岸更显古朴，如图 1-35 所示。另外，还可以在岸边种植碧桃、梅花、玉兰、松树、垂柳、朴树、鸡爪槭等花木，使枝条伸向水面，形成柔条拂水、相映成趣的画面。

水池是园林中最活跃的题材，欣赏倒影是游园的重要内容，水中的早霞、秋月、峰光、塔影等给人以美的享受。例如在苏州拙政园的中部湖面，荷花伫立水中，突出了主题，又特意留出清澈明净的池水，以观优美、生动的倒影，这就是水生园林植物配置较为成功的实例，如图 1-36 所示。对于较小的水面如网师园的“水院”和留园“浣云沼”中的水池，则选用花、叶较小且贴近水面的睡莲种植于池中合适的地方，也都取得了较好的效果。

三、中国古典园林植物配置的艺术特色

（一）植物配置的艺术特色

古典园林中花木的应用往往较少考虑生态功能，而是着重利用其审美价值。园林植物个

图 1-35　中国古典园林植物与水体透视效果

图 1-36　苏州拙政园中植物与水体透视效果

体的姿态、色彩、香气、风韵及花木群体组合形成的风景美、田园美能够产生使人愉悦的效果；另外随着时间的推移以及四季更替，园林花木还在不断变化着形象、色彩，形成丰富的季相景观，这些特点在园林中形成了视觉、嗅觉与听觉等诸多方面的美感，成为古代园林设计者乐于应用的主要着力点。

古典园林凭借花木配置创造出生机盎然的“木欣欣以向荣，泉涓涓而始流”的自然美境界（生境），融入造园家的笔触和个人的风格创造出借景抒情的艺术美境界（画境），将花木“人格化”进而表达人的理想、品格、抱负、追求等的理想美境界（意境）。通过这三种境界的相互渗透、情景交融，取得了突出的艺术感染力。

古典园林以花木为主题、主景的实例很多。苏州拙政园31景中有24景以花木为主景，其中“十八曼陀罗花馆”以传统名种山茶花“十八学士”为主要观赏对象，其主景的确定已上升到种类欣赏的高度；网师园的“看松读画轩”、“竹外一枝轩”、“小山丛桂轩”、“殿春簃”分别以柏树、罗汉松、黑松、慈孝竹、桂花、芍药为主景，如图1-37所示；无锡梅园是以梅花为主题的专类园，扬州个园是以竹子为主景的私家园林；扬州瘦西湖则利用地形进行花木栽植，形成了平坡小坂、丛林曲水、烟渚柔波、幽静古朴的典型境域；苏州沧浪亭未入门便有“花木泉石之胜”，门前曲水回环、池岸山石嶙峋、古木苍翠、夭矫古拙，使沧浪亭掩映在林木之中，成为风景如画的园林景观。

图1-37 小山丛桂轩植物配置透视效果

注：小山丛桂轩处的植物配置以桂花为主，其建筑也以其植物特色来命名。

（二）植物配置遵循画理、注重姿态、讲究诗情画意

古典园林的植物配置与诗、画的关系十分密切，注重姿态是古典园林在花木审美上的一大特色。造园时，选择和栽植花木重姿态、重“品格”，构图严格遵循国画原理，主张疏密有致、高下有序。“山头不得重犯，树头切莫两齐”（五代·荆浩）；“二株一丛，必有一俯一仰、一欹一直、一向左、一向右”；“四株一丛，三株相邻，一株稍离”（明·龚贤）。而栽植梅则“以曲为美，直则无姿；以欹为美，正则无景；以疏为美，密则无态”，讲究“疏影横斜”的姿态与境界。古典园林多为写意式配置，常用三、五株丛植的花木组成充满生机的植物群体。

古典园林通过对花木形象、习性的认识，赋予其某种性情，并由此派生出它们的具体运用方法。例如荷花“出淤泥而不染，濯清涟而不妖”；松、竹、梅傲霜迎雪，屹然挺立，被称为“岁寒三友”；其他如榉树中举、石榴多子、牡丹富贵、红豆相思、萱草忘忧、玉兰高洁等被赋予人格化和象征性的花木，在古典园林中形成了传统的配置模式，表达了人生理想和追求，带有浓厚的民族审美色彩，大大丰富和加深了古典园林的审美层次，使园林景观进入了艺术美与理想美相结合的境界，如图1-38所示。

图1-38 海棠春坞透视效果

注：古典的景墙前面放置太湖石，以海棠、南天竹及凤尾竹的植物搭配极富诗意，墙上的匾额具有恰到好处的点题作用。

（三）植物配置审美的多元化

古典园林植物配置首先应特别注重季相的变化。春夏秋冬的时令变化、雨雪阴晴的气候变化都会改变园林空间的意境并影响到人的感受，而这些因素往往又是借花木为媒介而间接地发挥作用的。花木配置“因其质之高下、随其花之时候、配其色之深浅多方巧搭”使有四时不谢之花。例如，苏州拙政园中的“绣绮亭”和怡园“锄月轩”前的牡丹；网师园“殿春簃”的芍药姹紫嫣红，供暮春赏花；拙政园“枇杷园”里的枇杷为夏初景观；拙政园“远香堂”和怡园“藕香榭”的荷花，怡园的紫薇，供夏季观赏；拙政园“待霜亭”的橘子，留园西部的枫林，网师园“小山丛桂轩”的桂花构成色彩绚丽的秋景；拙政园“十八曼陀罗花馆”的山茶；网师园的蜡梅则是以欣赏斑斓冬景为主。

古典园林不单纯是一种视觉艺术，还涉及听觉、嗅觉等感官的感受。古典园林利用植物与风、雨的巧妙配合，生动地表现风雨的声响魅力。例如，拙政园“留听阁”的荷花可领略李商隐“留得残荷听雨声”之情；拙政园“听雨轩”前后空地栽植芭蕉，水池边则栽植荷花，取“蕉叶半黄荷叶碧，两家秋雨一家声”之意，借雨打芭蕉、荷叶产生的声响效果来渲染气氛；承德离宫中的“万鹤松风”景点，也是借助风掠松林而发出的瑟瑟涛声从而感染人的；江南古典园林还经常种植竹林，形成“扶疏万竿，引风听琴”的意境。借助植物表现风声、雨声是中国古典园林的典型设计。

“疏影横斜水清浅，暗香浮动月黄昏”，描述的是光影的变化和花香的怡人；还有“雪叶翻江万树霜，玉莲开蕊暖泉香”以及“溪深树密无人处，惟有幽花渡水香”。花木不只以香气袭人，还能以香袭水，形成“泉香”、“水香”，“穿花复绕水，一山闻馨香”无疑是一种精神享受。苏州留园的“闻木樨香”，遍植桂花，花期满树金黄珠红，香气袭人，意境优雅；拙政园水面遍植荷花，每当夏日来临，微风吹过，带来阵阵荷花的香气。

综上所述，以花木审美为主结合利用各种元素，追求色、香、味、形、声、生机、风韵等的综合艺术效果，是古代文人园林花木配置的一大特色，如图 1-39 所示。

四、中国古典园林与现代园林植物配置的比较

走进雅致、小巧的古典园林，人们或许会在感叹园内“别有洞天”的同时对古典园林的“小”和“远”感到遗憾。正如陈从周先生所说：“我国古典园林代表了那个时代的面貌、精神和文化，在当时并不感到有什么缺陷，然而今天园林所服务的对象发生了根本变化，现代人的审美情趣和生活要求也发生了转变，古典园林已经不能满足各个层次人们的需要了”。然而，中国古典园林是源远流长、博大精深的园林体系，从硬质景观设计到植物配置都包含着丰富的传统文化内涵。在现代园林绿地中，植物配置虽有着特定的风格和特征，但可以从古典园林植物配置中汲取宝贵的财富。比较两个时代植物配置的不同特色，在充分研究古典园林的基础上吸取精华，对于探索未来园林的发展趋势有着一定的借鉴意义。古典园林与现代园林植物配置的不同主要表现在以下四个方面。

（一）植物景观的审美和使用主体的改变

古代的造园者有两种，一为文人雅士，二为具有精湛技艺的工匠。由于历史的局限性和

使用的私有性，这些造园家营建的古典园林或为己用或为封建贵族所有，其审美主体与现代园林的服务群体截然不同。当今的城市公园和开放性绿地更多地考虑了城市居民的日常生活需要，因此设计营造的植物景观成为广大人民群众欣赏与感知的对象，是形成户外游憩和交往空间的主要元素。

（二）植物材料选择的改变

我国拥有丰富的植物种质资源，仅高等植物就有 3 万多种。其中木本植物 8000 多种，而在古典园林尤其是江南私家园林中，其栽植种类不超过 200 种，仅占 2.5%。根据调查，苏州几座著名的私家园林如拙政园、留园、网师园、狮子林、环秀山庄、沧浪亭等，重复栽植的植物有罗汉松、白玉兰、桂花等 11 种，其重复率为 100%，而重复率在 50% 以上的植物有 70 多种。北方皇家园林由于气候条件的限制，重复应用植物材料的情况就更加严重。由此可见在植物材料的选择上，古典园林应用种类少，局限性强。

图 1-39　杭州虎跑泉庭院的古典植物配置透视效果

注：建筑、小品、山石等与植物和谐搭配在一起，显示了中国古代造园师高超的植物配置技艺。

在当前园林建设中，对于绿地生态综合效益的注重，节约型园林的提出以及植物生态、防护、生产功能的增加，都对植物多样性提出了更高的要求。另外随着园林科技的发展，园林植物育种、引种的工作都取得了较大的进展，新优植物不断出现，使得植物景观的营造有着较大的选择空间。因此，现代景观设计不应再拘泥于少数具有诗情画意、能够以景寓情的植物，而应更加注重植物配置的生物多样性和乡土性原则。

（三）植物配置形式的改变

古典园林中的植物配置风格多为自然式，以与自然式为主的园林风格保持一致。常用孤植、对植、丛植等几种形式，或在室内室外、轩房廊侧、山脚池畔等处设置花台、盆景、盆栽等形式，进行恰到好处的点缀。但是由于受到当时历史条件的局限，那种“片山块石、似有野趣”或“咫尺山林”式的高度缩影，虽然能产生让人想象自然美景的作用，但却并不能体现出大自然的真正意境，这显然不符合现代人的审美意识需求，如图 1-40 所示。

现代景观设计手法的更新和植物配置多种功能的要求及植物材料选择的多样化发展，使植物配置形式正走向多元化。如今，盆景、盆栽进入了各家各户的庭院和阳台；花台也已经演变为现代的花坛、花境等形式。在平面和立体空间层次的营造上，乔、灌、藤、草的搭配，常绿与落叶植物的搭配，都是以符合实际需求的科学比例进行配置的。另外，垂直绿化、屋顶绿化和专类园、湿地、森林公园、防护林等绿地形式的开拓，也赋予植物配置更多的形式和功能，如图 1-41 所示。

图 1-40 古典植物配置透视效果

注：古典园林中植物配置多以孤植等方式与山石搭配，模拟自然但不能真正体现自然的意境。图为杭州西泠印社的植物景观。

（四）植物配置遵循原则的改变

古典园林是古代文人雅士精神生活的一部分，利用不同植物特有的文化寓意来丰富植物观赏内容、寄托园主的思想情怀。植物配置往往与诗情画意相结合，这样的例子在古典园林中屡见不鲜。古典园林植物造景强调的艺术性原则，很大程度上受到园主和造园家的文化背景和审美情趣的影响。

在现代园林中，植物配置强调科学与艺术相结合的原则。城市化的快速发展带来一系列生态环境问题，使人们在追求植物基本美化和观赏功能的同时，更加注重其环境资源价值，例如改善小气候、保持水土、降低噪声、吸收和分解污染物等。植物配置所形成的人工模拟自然植物群落，能够在很大程度上改善城市生态环境、提高居民生活质量，并为野生生物提供适宜的栖息场所。因此，尊重自然植物群落的生长规律和保护生物多样性是如今植物配置设计的公认准则。另外由于现代生活及工作的特定需要，使人们对于环境的功能也有了多元性的要求，因此以人为本并结合环境心理学、环境行为学等多学科设计的理论也成为发展的必然趋势。

图 1-41　当代植物配置透视效果

注：当代植物景观设计追求多种类型植物的群落式配置，以植物为主来营造景观，其平面及空间层次都非常丰富。

第三节　国外园林植物配置历史

外国古代园林植物配置的风格与中国古代迥然不同，园林中多强调理性对于实践的认识作用，提倡改造自然、征服自然。

古埃及人把几何学的概念应用于园林的规划设计中，树木按规则几何式和强烈的轴线对称布置，从公元前 1375 年～1253 年的埃及古墓壁画上可见一斑。在西欧具有代表性的法国园林和意大利园林中，其植物配置也多为规则式，或将植物修剪成几何图形，如图 1-42 所示。16 世纪意大利园林多以常绿树为主，沿着园路和园墙密植并修剪成绿廊或绿墙，台地上还布满以黄杨或柏树修剪成方块状的绿色植坛。

在 18 世纪以后的英国，受到绘画与文学两种艺术热衷自然倾向加上中国古典园林文化的影响，出现了以开阔的草地、自然栽植的树丛、蜿蜒的小径为特征的英国自然风景园。这种园林抛弃了轴线、对称和修剪植物，而以起伏开阔的草地和成片成层自然生长的树木要素为植物造景特色，如图 1-43 所示。现代西欧各国由于环境问题日益严重，又受到城市生态的要求和影响，植物配置逐步趋向于自然，并注重植物对环境的保护作用。在植物材料选择上，则考虑经济效益和植物配置视觉艺术效果的双重标准。

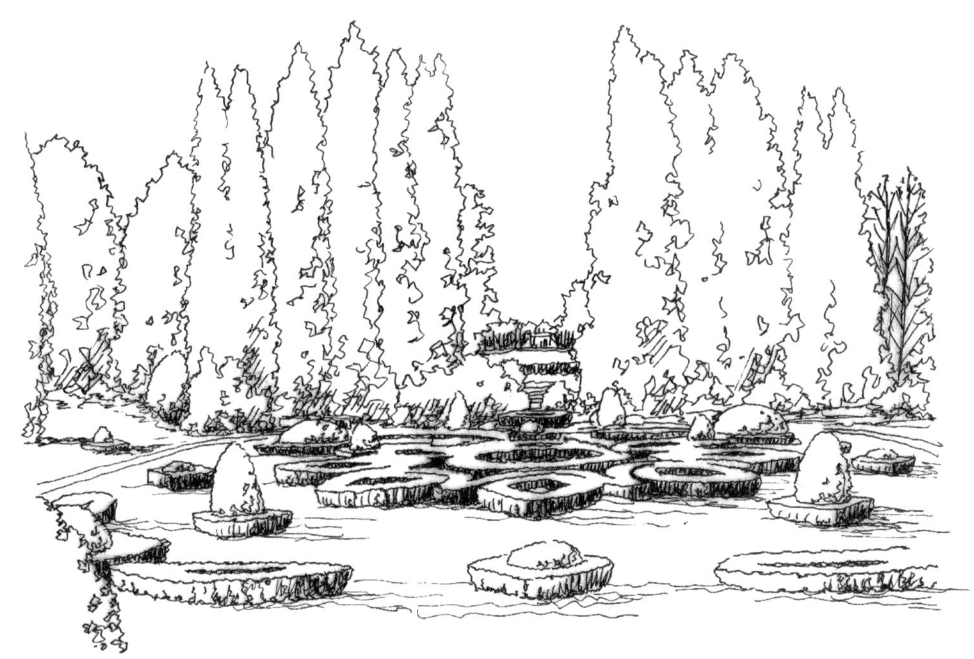

图 1-42　欧洲古典园林植物配置透视效果

注：欧洲古典园林中的植物景观多为规则式，并将植物修剪成几何形，具有传统的装饰效果。庭院以高大对称栽植的乔木形成背景。

图 1-43　英国古典风景园林透视效果

注：典型的英国古典风景园林，以高大乔木，缓坡地形等形成优美的田园景观效果。

出于当地气候、地理特点以及造园师对庭园植物配置的特殊要求，特别是受中国自然式古典园林的影响，日本庭园的植物配置多采用自然式。树种选择以常绿树为主，与山石、水体一起被称为最主要的造园材料，但树木常常被修剪成一定形状，形成特有的风格；同时比较重视秋色叶树种的配置，例如成片栽植槭树等。树丛的配置往往采用三对一、二对一、五对一等方式，使游人从任何角度都能看到整个树丛的每株树木。在建筑物旁，常常种植大叶的棕榈科和芭蕉科植物等，像中国古典园林景观一样获得“听雨”的意境。在瀑布的泷口常常配置若干乔木或灌木，把瀑布的一部分遮挡住，增加深度感。庭园中的地面常以细草、小竹、蔓类、羊齿类、藓苔类等植物覆被。日本园林植物配置还有一个突出特点，即同一园内的植物种类不多，通常以一两种为主景植物，再选用另一二种作为点景植物，层次清楚、形式简洁而美观，如图 1-44 所示。当人们从高处鸟瞰园林时，可能会看到整个庭园中所植均为松树。但通过类型较少的几种植物的配置，例如用一棵松再加上几丛杜鹃，却能够形成丰富多变、构图均衡的生动景观。而对于空间的营造，则更多地体现在对园内植物复杂多样的修整技艺中。例如有的植物修整旨在展开树木，使其枝干间的空间层次分明，这不仅可以强化枝干的自然形态，还可以突出空间的开朗效果。

图 1-44　日本式庭院植物配置透视效果

注：昆明世界园艺博览会日本园的植物种植设计，用黑松及花色艳丽的修剪花灌木形成种植的特色。

俄罗斯地区园林也比较重视植物配置。园林学家首先按其观赏特性将园林植物进行分类、分级，例如将树冠分为椭圆形、卵形、球形、圆锥形、宝塔形、伞形、自然形、垂枝形、匍匐形等多种；将绿色的叶子按色度分为青绿、黄绿、灰绿三种；将花形、花序分为六类。在植物配置时，从平面、立体、色彩、树丛疏密度等方面来考虑其艺术构图和风格，如图1-45所示。同时，还从林学的角度注意配置乔、灌木比例，针、阔叶树比例，树木密度和树种比例等，形成了园林植物配置理论，这是现代植物景观配置的部分基础理论，对于我国现代的植物配置理论形成具有重要的借鉴意义。

图1-45 植物配置透视效果

注：俄罗斯莫斯科察里津诺庄园植物配置以姿态各异的乔灌木形成绿化的主体，具有浓郁的自然气氛、优美的景观效果和显著的生态效益。

第四节 当前园林植物配置的发展趋势

当前我国很多城市掀起绿化、美化的热潮，城市环境建设取得了巨大的成就。但是其中存在的一些问题却不容忽视。尤其在植物配置方面缺乏科学的认识，或者将种植设计简单地理解为栽花种草，使植物景观处于喷泉、雕塑、小品等硬质景观的陪衬地位；或者偏爱以植物材料构成图案的效果，把植物修剪成整齐划一的色带或几何形体；或者用大量人工气息浓厚的栽培植物形成植物群落；或者片面强调生态效应，将大量的成年大树移栽到城市绿地中。

随着建设生态园林城市要求的提高，节约型绿地开始被人们所重视。充分认识地域性自然植物景观的形成过程和演变规律，并顺应这一规律进行植物配置，是现代植物配置的发展趋势之一。设计师不仅要重视植物景观的视觉效果，更要营造出适应当地自然条件、具有自我更新能力、能够体现当地自然景观风貌的植物群落类型。基于以上原理，当前的园林植物配置理论及实践在以下几个方面得到了更加深入的研究。

一、恢复地带性植被

在城市绿化建设中，应培育以地带性物种为核心的多样化绿化植物种类，探索乡土树种以及野花、野草在城市植物配置中的合理应用。而在具体的绿地植物景观设计中，则应借鉴当地成熟的植被类型，总结适用的多种植物搭配的生态群落，来更好地建设低养护、植物多样性高的城市绿地，如图 1-46 所示。

图 1-46　城市植物群落配置透视效果

注：借鉴地带性植物群落形成的城市绿地，具有较高的生态价值和景观效果。

二、自然式植物景观设计

城市绿地植物景观营造还要模拟自然植物群落，优化物种、群落外貌、形态和色彩等组合，重视植物的景观、美感、寓意和韵律效果，产生富有自然气息的美学价值和文化底蕴，达到生态、科学和美学高度和谐的统一，并使之与城市景观特色和建筑物造型相融合，如图 1-47 所示。

从园林发展的趋势来看，我国园林事业主要走的是以自然式植物景观建设与生态保护相结合的道路。对植物景观设计来说，在原有的基础上赋予其时代的内容，符合当今社会发展和生态保护的需要，是对我国园林事业继承和发扬的行之有效的途径。

图 1-47 城市自然式植物配置透视效果

注：城市绿地的植物景观应多采用自然式的植物配置方式，使其群落外貌自然美观，极具形态和色彩的韵律美感，应特别注意群落中不同树形植物的搭配效果及林缘线的变化。

第二章

园林植物配置的原理

优美的植物景观设计是科学性与艺术性两方面的高度统一。它既要满足植物与环境在生态适应性上的统一，又要通过艺术构图原理体现出植物个体及群体的形式美与意境美，还要通过合理的空间布局及场地营造等满足人们的实际使用要求，从而使生态、艺术、社会三者的效益并重，这是植物景观营造的基本原则。

从生态学的角度来讲，现代植物造景应该特别讲求营造多样性的植物景观，要“师法自然”，体现出自然环境美，即利用乔、灌、藤、草等形成树丛、树群的方式进行自然式配置，注意高低错落、层次丰富、疏落有致。还要考虑植物的生态习性，做到适地适树、因地制宜。避免盲目进行大规格苗木的移植，以及外来植物种类的大量应用，以实现景观的可持续发展。

从艺术的角度为讲，植物景观设计遵循绘画艺术和造园艺术的基本原则，即统一、调和、均衡和韵律。植物景观中艺术性的创造极为细腻和复杂，应借鉴绘画原理及古典文学的运用，巧妙而充分地利用植物的形体、线条、色彩、质地进行构图，并通过植物的季相及生命周期的变化使之成为一幅鲜活的动态图画，体现一种诗情画意的境界。

从社会的角度来讲，植物配置一是要根据不同类型城市绿地的特点，充分考虑人们的实际使用需求，提供人们工作、学习、劳动之余休息和疗养的场所；二是要注重调节人类生理机能，缓和现代社会因为工作生活节奏过快而形成的高度紧张的精神状态；三是要强调改善城市面貌，形成优美、整洁、绿意盎然的现代城区，体现城市的品位和精神文明程度，从而也有利于改善投资环境。

第一节　园林植物的生态习性

一、植物的生态特性

植物长期生长在某种环境里，受到该环境条件的特定影响，通过新陈代谢在植物的生活过程中形成了对某些生态因子的特定需要，这就是植物的生态习性。植物生长环境中的温度、水分、光照、土壤、空气等生态因子，对植物的生长发育具有重要的影响，研究环境中各因子与植物的关系是植物造景的生态理论基础。植物有不同的生态学和生物学特性，例如落叶与常绿之分；慢生与速生之分；喜阳与耐阴之分；喜酸与耐碱之分；耐水湿与喜干旱之分等。

在园林植物配置时，一是应该了解一些常见的生态类型植物以及适应不同环境的植物；二是根据不同的环境条件选择适宜生长的植物种类或群落，在搭配时做到适地适树。以下为部分不同生态类型的植物，了解其基本的生态习性，是进行科学植物配置的基础。

1. 阳性植物　要求较强的光照，不耐蔽荫。一般需光度为全日照70%以上的光强，在自然植物群落中，常为上层乔木。如木棉、木麻黄、椰子、芒果、杨、柳、桦、槐、油松及许多一、二年生植物。

2. 阴性植物　在较弱的光照条件下比在强光下生长良好，一般需光度为全日照的5%～20%，不能忍受过强的光照，在自然植物群落中常处于中、下层，或生长在潮湿背阴处。在群落结构中常为相对稳定的主体，如红豆杉、三尖杉、粗榧、铁杉、可可、咖啡、肉桂、茶、紫金牛、常春藤、地锦、麦冬及吉祥草等。需要强调的是一些树种的幼苗，需在一定的蔽荫条件下才能生长良好。

3. 耐阴植物　一般需光度在阳性和阴性植物之间，对光的适应幅度较大，在全日照下生长良好，也能忍受适当的蔽荫。大多数植物属于此类，如罗汉松、竹柏、山楂树、椴树、栾树、君迁子、桔梗、白笈、棣棠、珍珠梅、虎刺及蝴蝶花等。

4. 耐干旱植物　雪松、黑松、加杨、垂柳、旱柳、栓皮栎、苦槠、榔榆、构树、小檗、枫香、桃树、枇杷树、石楠、火棘、合欢、胡枝子、葛藤、紫穗槐、紫藤、臭椿树、楝树、乌桕、黄连木、盐肤木、木芙蓉、君迁子、夹竹桃、栀子花等。

5. 耐水湿植物　垂柳、旱柳、龙爪柳、榔榆、桑、柘、杜梨、柽柳、紫穗槐、落羽杉、水松、棕榈、栀子、枫杨、麻栎、榉树、山胡椒、沙梨、枫香、悬铃木、紫藤、楝树、乌桕、重阳木、柿树、葡萄树、雪柳、白蜡、凌霄等。

此外还有诸如耐酸性植物、耐碱性植物及耐瘠薄植物等，在此不一一列举。园林设计师应该熟记常用的生态类型植物以满足种植设计的需要。

二、植物群落

植物群落，就是某一地段上全部植物的综合。它具有一定的结构和外貌，一定的种类组成和种间的数量比例，一定的生境条件，执行着一定的功能，在空间上占有一定的分布区域，在时间上是整个植被发育过程中的某一阶段。群落中植物与植物、植物与环境之间存在着密切的相互关系，是环境选择的结果。

每一种植物群落应有一定的规模和面积，并具有一定的层次，才能表现出群落的种类组成。群落不是简单的乔、灌、藤、草的组合，而应该从自然界或城市原有的、较稳定的植物群落中去寻找生长健康、稳定的组合，在此基础上结合生态学和园林美学原理建立适合城市生态系统的人工植物群落。

群落是绿地的基本构成单位。科学、合理的植物群落结构是绿地稳定、高效和健康发展的基础，是城市绿地系统生态功能的基础和绿地景观丰富度的前提。随着城市生物多样性的备受关注，以及绿化水平和质量的不断提高，植物群落在城市绿化中的应用越来越普遍。

在植物景观群落的建植方面，许多城市都进行了乔、灌、草复合配置的尝试。在城市中恢复、再造近自然植物群落，有着生态学、社会学和经济学上的重要意义。第一，群落化种植可以提高叶面积指数，增加绿量，起到更好的改善城市环境的作用；第二，植物群落物种丰富，对生物多样性保护和维护城市生态平衡等方面意义重大；第三，模拟自然植物群落，开展城市自然群落的建植研究，建立生态与景观相协调的近自然植物群落，能够扩大城市视觉资源，创造清新、自然、纯朴的城市园林风光，给人优美、舒适的心理暗示，能够减少事故，缓解压力；第四，植物群落可降低绿地养护成本，节水节能，从而更好地实现绿地经济效益，对提高城市绿地质量具有重要的现实意义，如图 2-1 所示。

（一）观赏型人工植物群落

观赏型人工植物群落，是生态园林中植物配置的重要类型。选择观赏价值高且多功能的园林植物，运用风景美学原理进行科学设计及合理布局才能构成自然美、艺术美、社会美的整体，体现多单元、多层次、多景观的生态型人工植物群落，如图 2-2 所示。

在观赏型植物群落中应用最多的是季相变化，园林工作者在设计中通过对植物的合理配置达到四季有景。例如，在植物景观设计中常用碧桃、迎春、玉兰、樱花、榆叶梅、连翘、丁香类、绣线菊类、黄刺梅、猥实、锦带花、牡丹、海棠等，形成姹紫嫣红的春季景观。而设计夏季景观时，则充分利用叶片色彩如嫩绿、浅绿、黄绿、灰绿、深绿、墨绿的不同，既给人们带来片片浓荫，又展现出不同的个性。此外，还可利用夏季开花的植物如荷花、合欢、紫薇、木槿、栾树、珍珠梅等形成如画景观。秋季则可以充分考虑植物的累累硕果和亮丽的秋色叶效果，不仅会增添城市的色彩美，还增添了丰收的喜悦。常用观果植物有苹果属、山楂、山茱萸、花楸属、栒子属、柿属、南天竹、冬青、石楠等，其红色或黄色的果实装扮成迷人的秋景。群落中如火如荼的秋叶更增添了秋色的魅力，如具有红色或紫红色的漆树、黄连木、盐肤木、火炬树、花楸、乌桕、元宝枫、枫香、黄栌、柿树、鸡爪槭、山楂、石楠、地锦、五叶地锦、三角枫等；秋叶黄色或黄褐色的银杏、洋白蜡、无患子、鹅掌楸、栾树、麻栎、栓皮栎、五角枫、水杉、金钱松、白桦等。在冬季，植物的枝干又可以成为观赏的焦点。如干皮为红色或红褐色的红瑞木、金枝梾木、杉木、马尾松、山桃等；干皮为白色或灰白色的白桦、垂枝桦、白皮松、银白杨、毛白杨、新疆杨等；干皮为绿色的竹、梧桐等；干

图 2-1 植物群落透视效果

注：城市绿化应以群落式的植物配置为主，以创造最大的景观及生态效益。

图 2-2 观赏型植物群落透视效果

注：观赏性植物群落以体现植物多层次的植物景观效果及季相美为特色。

皮为斑驳色的黄金嵌碧玉竹、碧玉嵌黄金竹、斑竹、悬铃木、木瓜等；另外，常绿树在四季都会呈现出生命的绿色，让世界永远充满生机，如雪松、龙柏、红豆杉、白皮松等。

（二）抗污染型人工植物群落

以园林植物的抗污染特性为主要评价指标，并结合植物的光合作用、蒸腾作用、吸收污染物特性等测定指标，选择出适于污染区绿地的园林植物进行合理搭配，就可以组建耐污性的植物群落。该类型群落以抗性强的乡土树种为主，结合使用抗污性强的新优植物。其种植模式设计以通风较好的复层结构为主，它可以有效地改善重污染环境局部区域内的生态环境，提高生态效益并有利于人们健康。这种人工植物群落既美化了环境，又适应粗放管理的方式，比较适合污染区大面积绿化的需要。此群落类型植物选择的标准首先是能够吸收或抵抗污染物，其次是能够在污染的环境下生长良好，从而能够兼顾植物景观效果。

（三）保健型人工植物群落

保健型植物群落，主要利用特殊植物的配置形成一定的植物生态结构，利用植物有益的分泌物质和挥发物质，达到增强人们健康、防病、治病的目的。在公园、居民区尤其是医院、疗养院等单位，应以园林植物的杀菌特性为主要评价指标，并结合植物吸收二氧化碳、释放氧气、降温增湿、滞尘等测定指标，选择相应的园林植物种类，例如具有萜烯的松树、具有乔柏素的柏树，具有雪松烯的雪松及开香花的芳香植物等。

（四）知识型人工植物群落

知识型人工植物群落是指在公园、植物园、动物园、风景名胜区等地方应用多种植物群落，按分类系统或按种群生态系统有序种植，建立科普性的人工群落供人们欣赏及借鉴应用。在该群落中应用的植物不仅要着眼于观赏价值高的栽培种类，还应将濒危和稀有的野生植物引入其中。这样既可丰富景观，又保存和利用了种质资源，并能激发人们热爱自然、探索自然奥秘的兴趣和爱护环境、保护环境的自觉性。

（五）生产型人工植物群落

根据不同的绿地条件建设生产型人工植物群落，以发展具有经济价值的花、果、草、药和苗圃基地，并与环境协调，既能满足市场的需要，又可以增加社会效益。例如，在绿地中选用干果或高干性果树如板栗、核桃、银杏、枣树、柿树等；在居民区种植桃、杏、海棠等管理粗放的果树等；在林下配置药用植物如芍药、牡丹、桔梗等。此外在城市绿地中采用合理密植的方式，既能够在短期内达到较好的景观效果，又可以节约购买大规格苗木的资金，从长远来看，密植的苗木长大后又可以移栽到其他区域，实为一举多得的措施。

第二节　园林植物的观赏特性

园林植物姿态各异，有的高耸入云、有的波涛起伏、有的攀援向上、有的曲折缠绕。常见木本植物的树形有柱形、塔形、圆锥形、伞形、圆球形、半圆形、卵形、倒卵形、匍匐形等，特殊的有垂枝形、曲枝形、拱枝形、棕榈形、芭蕉形等，如图2-3所示。不同姿态的树种

给人以不同的感觉，运用不同形态的植物互相搭配或这些植物与地形、建筑、溪石等不同的景观元素相搭配，可以形成不同特色的景观。

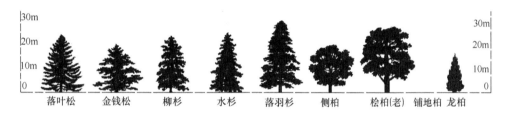

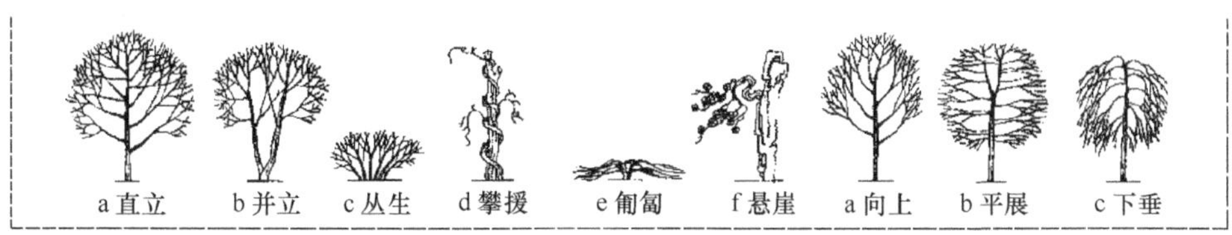

落叶松　金钱松　柳杉　水杉　落羽杉　侧柏　桧柏(老)　铺地柏　龙柏

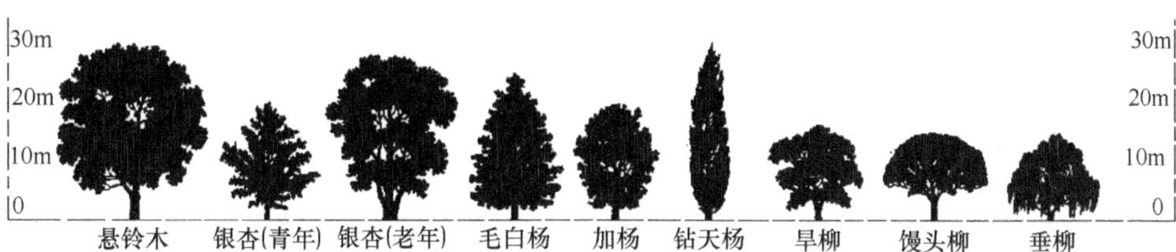

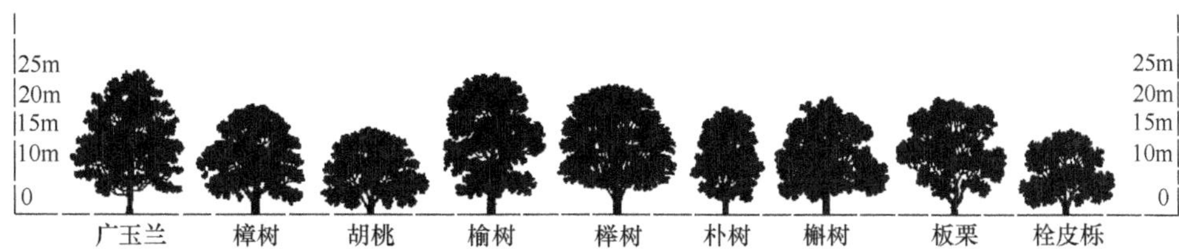

图 2-3　植物形态示意

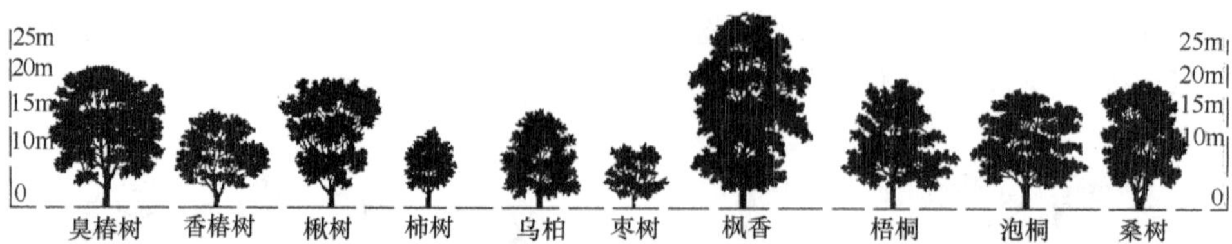

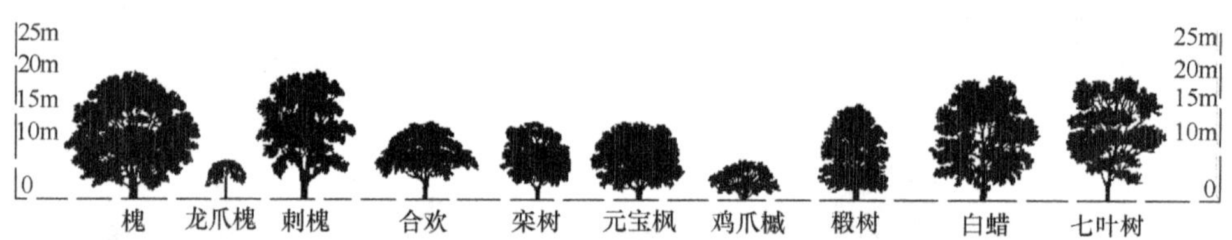

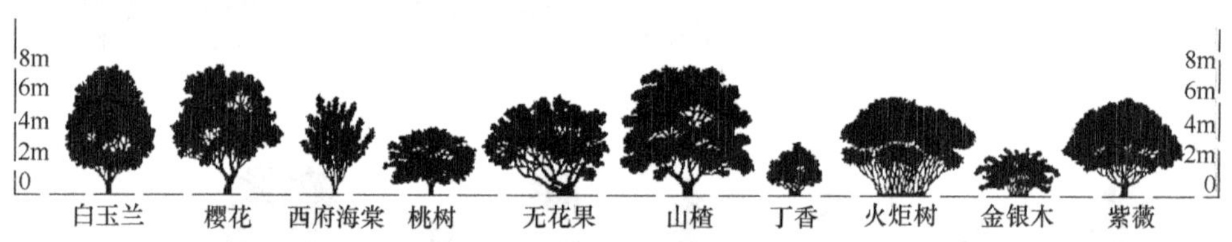

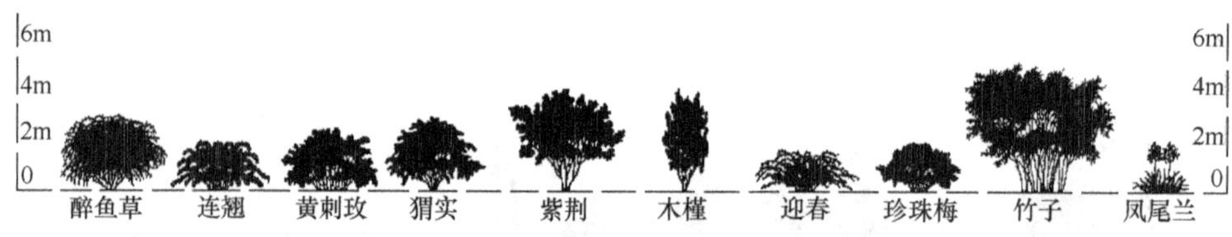

图2-3 植物形态示意（续）

注：园林植物种类繁多，形态各异，掌握各种植物的形态是进行科学植物配置的基础要求之一。

乔、灌木枝干也具有形态、色彩等方面的重要观赏特性，可以成为冬园的主要观赏树种。如酒瓶椰子的树干如酒瓶；佛肚竹、佛肚树的干如佛肚；白桦、粉枝柳等枝干发白；红瑞木、紫竹等枝干红紫；竹、梧桐、青榨槭及树龄不大的青杨、河北杨、毛白杨等枝干呈绿色或灰绿色；山桃、稠李的枝干呈赤铜色；金枝国槐、金枝梾木的干呈黄色；白皮松、悬铃木、木瓜等干皮斑驳呈杂色。在北方地区可以充分运用植物枝干的观赏特性进行园林植物配置，对于提高总体景观的品质具有重要的意义。而在南方可以专门利用冬季落叶植物形成冬园，从而获得独特的“万木扶疏”的意境，如图2-4所示。

花是园林植物重要的观赏部位，花的观赏价值主要体现在花色及花形上。园林植物花色复杂多变且能够形成不同的氛围，艳红色的花如火如荼，盛花期会形成热情兴奋的气氛；白色的花具有悠闲淡雅的气质；黄色的花会产生绚丽夺目的效果；蓝紫色的花则会给人以深沉的感觉。花还有不同的花型，常见植物的花序有穗状花序、总状花序、圆锥花序、头状花序、伞状花序、轮伞花序等各种类型。花的姿态也有很多种，如有的植物的花为球形，给人以团结的感觉；有的花呈碗形或半重瓣型，给人以繁茂的感觉；有的植物的花虽小，但在枝顶排成大型圆锥花序，给人以热情、奔放的感觉。造景时，可以根据花色及花形进行针对性的种植设计，以形成不同的景观效果。

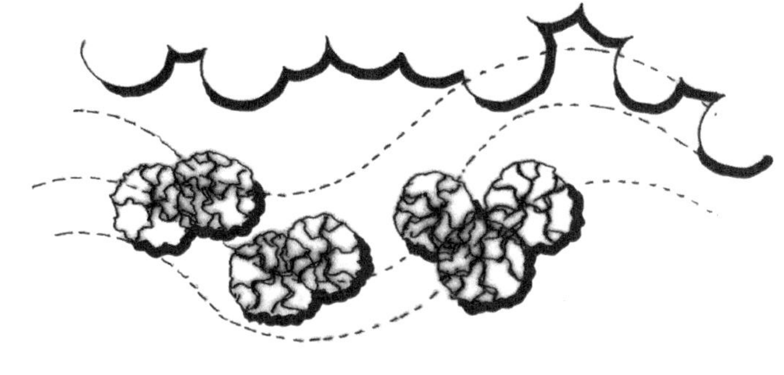

图 2-4　冬季植物景观平面布置及透视效果

注：许多植物在冬季落叶后，仍然具有较高的观赏价值，可以呈现与其他三季不同的景观效果。

植物的叶片千奇百怪，也具有重要的观赏作用，如图 2-5 所示。很多植物的叶片独具特色，巨大的叶片如桄榔，直上云霄，非常壮观，巴西棕、高山蒲葵，油棕等也都有类似的巨大的叶子；有的叶片形态独特，如浮在水面巨大的王莲叶犹如一个个的大圆盘，能够吸引众多的游客，其他的如山杨、董棕、鱼尾葵、羊蹄甲、马褂木、琴叶榕、旅人蕉、含羞草等叶片也独具一格；彩叶树种更是数不胜数，如紫叶李、红叶桃、紫叶小檗、红桑、红背桂、金叶桧、菲白竹、新疆杨、银白杨等，以及众多彩叶的园艺栽培植物变种等。

园林植物的果实也极富观赏价值。果形奇特的有秤锤树、腊肠树、神秘果等；巨大的果实如木菠萝、番木瓜等；很多果实色彩鲜艳，例如紫色的紫珠、葡萄等；红色的天目琼花、欧洲荚蒾、平枝枸子、南天竹等；蓝色的白檀、十大功劳等；白色的珠兰、红瑞木等。

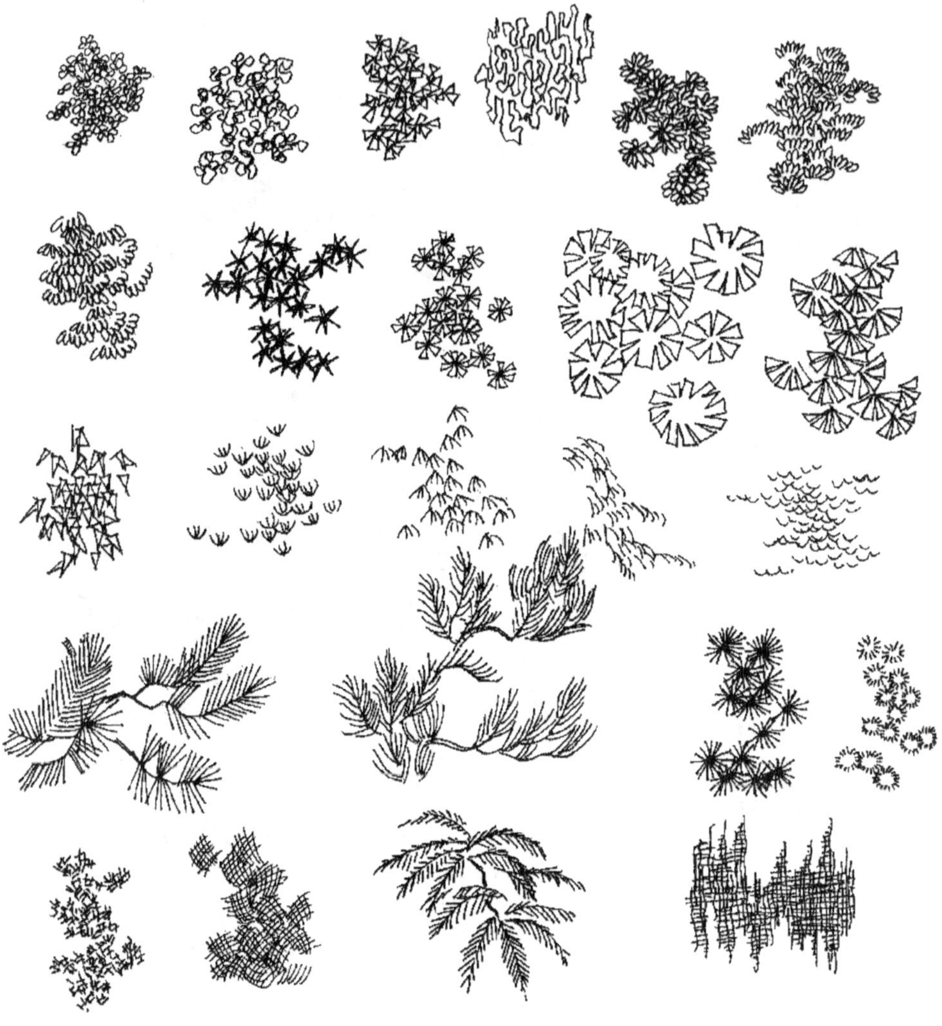

图 2-5　植物叶片形式

注：植物的叶片形式多样，很多植物的叶片都具有较高的观赏效果。

第三节　植物造景中艺术原理的应用

植物造景作为园林设计的一个重要内容，其艺术构图的设计原则是通用的。因此，在进行园林植物配置时要注意运用相应的原则，使人工建造的园林植物景观能够与整体的设计风格相一致并具备多变的艺术风格。

在植物景观配置中，要遵循统一、调和、均衡、韵律及比例与尺度的基本设计原则，这

些原则指明了植物配置的艺术要领。在植物景观设计中，植物的树形、色彩、线条、质地及比例既要有一定的差异和变化，显示多样性，又要使它们之间保持一定相似性，引起统一感；同时，要注意植物之间的相互联系与配合，体现调和的原则，使其具有柔和、平静、舒适和愉悦的美感；在配置体量、形态、质地各异的植物时，还应该遵循均衡的原则，使景观稳定、和谐；另外在植物配置中，有规律的变化会产生一定的韵律感。

一、统一的原则

统一的原则也称变化与统一或多样与统一的原则。变化太多，整体就会显得杂乱无章，甚至一些局部会感到支离破碎，失去美感，过于繁杂的色彩还会使人心烦意乱，无所适从；但是如果缺少变化，片面的讲求统一，平铺直叙，又会单调、呆板。因此，在植物配置时，要掌握在统一中求变化、在变化中求统一的原则。重复方法的运用最能体现植物景观的统一感，例如在道路绿带中栽植行道树，等距离配置同种、同龄乔木树种，并在乔木下配置同种花灌木，如图 2-6 所示。

图 2-6　植物配置立面效果

注：以重复的方法，运用形态、种类相同的植物进行配置，显得统一且具有韵律感。

多样统一的原则在植物景观设计中有很多具体的体现。例如在竹园的设计中，虽然众多的竹类均统一在相似的竹叶及竹竿的形状及线条中，但是丛生竹与散生竹有聚有散；高大的毛竹、慈竹或麻竹等与低矮的凤尾竹配置则高低错落；龟甲竹、方竹、佛肚竹则节间形状各异；粉单竹、黄金嵌碧玉竹、黄槽竹、菲白竹等则色彩多变。这些竹子经巧妙配置，很好地诠释了统一中求变化的原则。还有在北方地区常绿景观应用植物多为松柏类，但黑松针叶质地粗硬、浓绿；而华山松、乔松针叶质地细柔，淡绿；油松、黑松树皮褐色粗糙；华山松树皮灰绿细腻；白皮松干皮白色、斑驳，富有变化。柏科中尖峭的台湾桧、塔柏、蜀桧、铅笔柏；圆锥形的花柏、凤尾柏；球形、倒卵形的球桧、千头柏；低矮而匍匐的匍地柏、砂地柏、鹿角桧等，充分体现出不同种类的姿态万千。

二、调和的原则

调和的原则即协调和对比的原则。在进行植物配置时，如要追求相互之间的高度协调，则需选择近似性和一致性的植物进行配置，不宜将形态姿色差异大的树种组合在一起。相反，差异和变化可以产生对比的效果，具有强烈的刺激感，形成兴奋、热烈和奔放的感受。因此，在植物景观设计中，常用对比的手法来突出主题或引人注目，利用植物不同的形态特征如高低、姿态、叶形、叶色、花形、花色等的对比手法，表现一定的艺术构思，衬托出美妙的植物景观，如图2-7、图2-8所示。

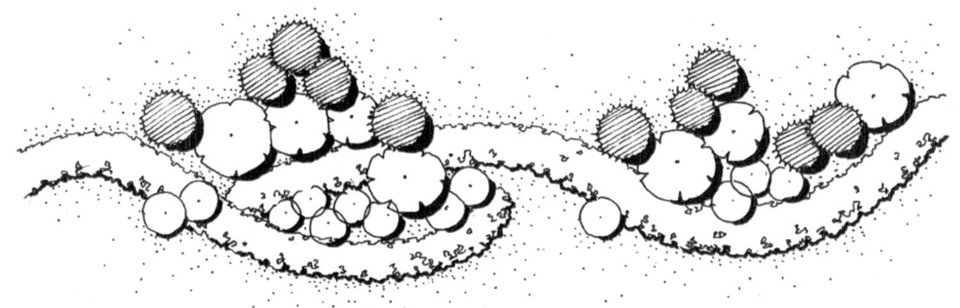

图2-7　植物配置平面布置

图2-8　植物配置立面效果

注：将形态、种类完全不同的植物搭配在一起，产生强烈的对比效果。

在植物配置中要特别注意色彩的调和性。在色彩构成中的红、黄、蓝三原色中，任何一种原色同其他两种原色混合成的间色，可以组成互补色。例如，红色与绿色为互补色、黄色与紫色为互补色、蓝色和橙色为互补色，产生出一明一暗，一冷一热的对比色，并列时相互排斥，对比强烈，呈现跳跃、新鲜的效果，如果用得好可以突出主题，烘托气氛。我国造园艺术中常用“万绿丛中一点红”来强调对比就是一个典型的例子。还有，在大草坪上以一株榉树与一株银杏相配置，秋季榉树叶色紫红，而银杏秋叶金黄，二者也会形成鲜明对比。

三、均衡的原则

图 2-9　植物配置平面布置

将体量、质地各异的植物种类按均衡的原则配置，景观就显得稳定。如色彩浓重、体量庞大、质地粗厚、枝叶茂密的植物种类，给人以厚重的感觉；相反，色彩素淡、体量小巧、质地细柔、枝叶疏朗的植物种类，则给人以轻盈的感觉。根据周围环境，在配置时有规则式均衡（对称式）和自然式均衡（不对称式）两种类型。规则式均衡常用于规则式建筑及庄严的陵园或雄伟的皇家园林中，例如楼前配置等距离且左右对称的龙爪槐等；陵墓前或主路两侧配置对称的松或柏等。自然式均衡常用于花园、公园、植物园、风景区等比较自然的环境中。例如，在精致的园桥一侧若种植几株高大的乔木，则另一侧须植以数量较多，单株体量较小且成丛的花灌木，以求一种不对称的均衡，如图 2-9、图 2-10 所示。

图 2-10　植物配置透视效果

注：桥的一侧种植几株高大的针叶乔木，而另一侧则采用成丛的大灌木来美化，虽然体量不同，但却形成了完美的视觉均衡，呈现出高低错落的层次之美，属不均衡对称的处理手法。

另外，各种植物姿态不同，有的比较规整，如石楠、臭椿树等；有的具有动势，如松树、榆树、合欢等。在配置时，要讲究植物相互之间或植物与环境中其他要素之间的协调；同时还要考虑植物在不同生长阶段和季节的形态变化，以避免产生配置上的不平衡状况。

四、韵律和节奏的原则

在植物配置时进行有规律的变化，就会产生韵律感。韵律有两种，一种是“严格韵律”，另一种是“自由韵律”。道路两侧和狭长形地带的植物配置最容易体现出韵律感，要注意纵向的立体轮廓线和空间变换，做到高低搭配，起伏有致，以产生节奏韵律，避免布局呆板，如图2-11所示。

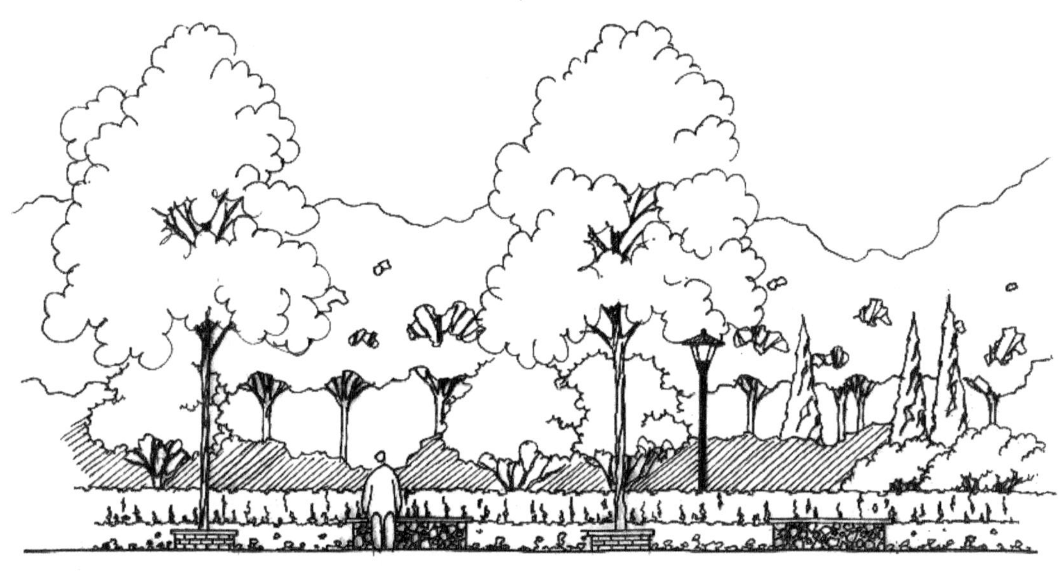

图2-11　植物配置立面效果

注：高大的乔木配置与后面起伏的林缘线很好地诠释了“韵律与节奏”的概念，其中乔木的配置属于“严格韵律”，而整体的构图则具有“自由韵律”的感觉。

韵律和节奏的实例也很多，例如颐和园西堤、杭州白堤以桃树与柳树间隔栽植，就是典型的例子。又如云栖竹径景区，两旁为参天的毛竹林，在合适的间隔距离配置了一棵棵高大的枫香，沿道路行走游赏时就能体会到韵律感的变化而不会感到单调。

五、比例和尺度的原则

比例是指园林中景物在体型上具有适当的关系，其中既有景物本身各部分之间长、

宽、高的比例关系，又有景物之间、个体与整体之间的比例关系。园林中，具有美感的比例是组成园林协调性美感的要素之一。园林存在于一定的空间中，其中各种设计要素的存在要以创造出不同空间为目的，这个空间的大小要适合人类的感觉尺度，各造园要素之间以及各要素的部分和整体之间都应具备比例的协调性。中国古代画论中“丈山尺树，寸马分人”是绘画的美的比例，园林也与此同理。在园林种植设计上，植物与其他造园要素之间，以及种植的不同植物种类之间也一定要符合审美的协调比例。例如，大型的园林空间必须用高大或足量的植物来达到和环境及其他景观元素的比例协调，而小型的园林空间，就必须选择体量较小的植物以及适宜的用量与之匹配，如图 2-12，图 2-13 所示。

图 2-12　大型园林空间植物配置透视效果

注：室外空间尺度较大，应用高大的乔木进行绿化，能够与宽敞的景观空间相协调。

图 2-13　小型园林空间植物配置透视效果

注：小型庭院景观应用小规格的植物如整形修剪的绿篱球和宿根花卉为主进行绿化，更显精致美观。

第四节　植物配置的应用形式

园林植物的配置形式千变万化，在不同地区、不同场合，由于不同目的及要求，可以有多种多样的组合与种植方式。自然界的山岭平原和河湖溪涧旁的植物景观，具有天然的植物组成和自然景象，是植物配置的艺术创作源泉。植物配置有三种方式：自然式、规则式、混合式。

自然式植物配置，要求反映自然界植物群落之美，树种多选用树形或树体部分美观或奇特的品种，以不规则的株行距配置成各种形式，主要有孤植、丛植、群植和密林等几种；花卉的布置以花丛、花境为主。中国古典园林和较大的公园、风景区中，大部分区域的植物配置采用自然式。

规则式植物配置一般配合中轴对称的格局应用，树木配置以等距离行列式、对称式为主，一般在主体建筑物主入口和主干道路两侧常采用这种配置方式。花卉布置通常体现在以图案为主要形式的花坛和花带，有时候也布置成大规模的花坛群。

混合式植物配置，主要指规则式、自然式交错混合，设计强调传统的艺术手法与现代形式相结合。

植物配置的三种形式具体体现为孤植、对植、丛植、列植、群植以及花坛、花镜、绿篱等不同栽植方式的单独式组合应用。

一、孤植

孤植是指园林中常用的一株或两株树栽植，它能充分发挥单株花木的动势、线条、形体、色、香、姿的特点，常用于较小空间的近距离观赏；而在较大空间中运用，则能起到“画龙点睛”的作用，如图 2-14 所示。孤植树同时对划分空间、增加画面层次等也起到了重要作用。实例有苏州网师园“竹外一枝轩”前的黑松，环秀山庄假山上犹若悬崖式盆景的紫薇，沧浪亭门外假山驳岸上的朴树等。

孤植主要显示树木的个体美，常作为园林空间的主景，用于大片草坪上、花坛中心、小庭院的一角或山石相互成景之处。对孤植树木的要求是姿态优美，色彩鲜明，体形较大，寿命长而有特色，或者花果观赏效果显著。如周围配置其他树木，则应保持合适的观赏距离。在珍贵的古树名木周围，不可栽植其他乔木和灌木，以保持它独特风姿。用于蔽荫的孤植树木要求树冠宽大、枝叶浓密、叶片大、病虫害少，以圆球形、伞形树冠较好，如图 2-15 所示。

图 2-14　孤植平面示意及透视效果

注：两株姿态优美的油松的孤植效果，一曲一直，顾盼生姿，极富动态美。

图 2-15　孤植树的景观效果

二、对植

对植即对称种植大致相等数量的树木，多应用于园门、建筑物入口、广场或桥头的两旁。在自然式种植中则不要求绝对对称，对植时也应保持形态的均衡，如图 2-16 所示。如果对植方式为绝对对称，则要求要两株或两组植物种类、形态等高度一致。如为不绝对对称方式，则以体现不均衡对称的动态、美感为佳。

图 2-16　不均衡对植的透视效果

注：建筑入口一侧为短穗鱼尾葵，另一侧为散尾葵，两组植物一高一矮，虽然种类体量不同却有不均衡对称的美感。

三、丛植

丛植是指园林中 3 ~9 株单一树种或多树种不等距离的组合种植，树木多种植在不等边之角点上。树木前后、左右呼应，前树不挡后树，是园林中普遍应用的方式，可用作主景或配景，也可用作背景或隔离措施。配置宜自然，符合艺术构图规律，既能表现植物的群体美，也能表现出树种的个体美，如图 2-17、图 2-18 所示。

在古典园林中，有很多著名的景区较好地诠释了丛植的景观效果。如苏州网师园“看松读书轩”前，罗汉松、桧柏、白皮松、黑松和牡丹组成的多树种树丛；拙政园“远香堂”前，广玉兰、柏、枫杨组成的多树种树丛；怡园“金粟亭”周围，桂花组成的单树种树丛等。

四、列植

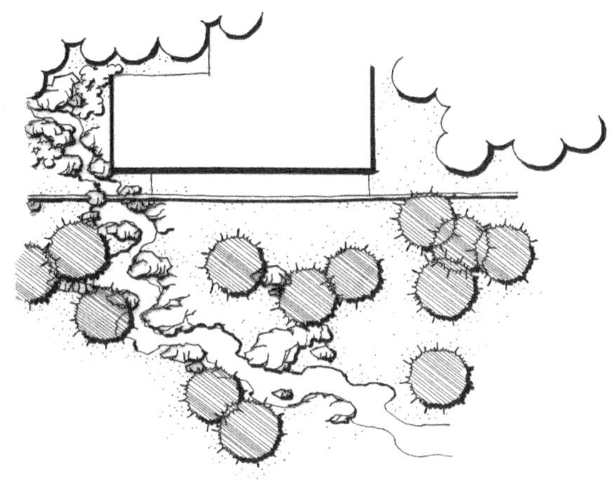

图 2-17　丛植景观平面图布置

列植也称带植，是指成行、成带栽植树木的形式。多应用于街道、公路两侧或规则式广场的周围，体现或规整简洁、成气势宏伟的景观效果，一般要求树种具有高大挺拔、树形端庄、冠大荫浓的特点。如图 2-19 所示。如果用作园林景物的背景或隔离措施，一般宜密植，形成树屏。公路或防护林带的植物配置，则多以带状形式栽种数量众多的各种乔木及灌木等。

五、群植

由 20～30 株以上及数百株左右的乔灌木成群配置，称为群植。一般可由单个树种或者数个树种组成较大面积的树木群体，在园林中常作为背景，在自然风景区中也可以作为主景，如图 2-20 所示。

图 2-18　丛植景观透视效果

注：建筑前的乔木丛植形成的树丛，将简洁的小型建筑掩映其中，体现出一种古典美。

图 2-19　列植透视效果

注：林荫大道旁的列植景观效果，气势宏伟。

图 2-20　群植景观透视效果

注：单一乔木种植的纯林中，疏密有致的大乔木构成绿化的主体，林下则种植成片的缀花草坪，使得该树群安静而美丽。

多树种群植常用常绿与落叶乔木、灌木、地被等复层组合，形成错落有致、层次丰富、虚实相间、浓淡相衬、林冠线和林缘线起伏多变、丰富多彩的园景。上层大乔木用以发挥绿荫覆盖功能，中层小乔木和下层灌木起到划分空间、扩大景深的作用。以叶色深绿的常绿树为背景，能使梅花、樱花、杜鹃、红枫等花木色彩更加亮丽。在落叶阔叶树群中，栽植高出林缘，树冠遒劲，叶色墨绿的松树，则更显其突出、生动的观赏效果。

六、花坛

在一定范围的场地上，按照整形式或半整形式的图案栽植观赏植物，以表现花卉群体美的园林设施称为花坛。按其形态可分为立体花坛和平面花坛两类。平面花坛又可按构图形式分为规则式、自然式和混合式三种；按观赏季节可分为春、夏、秋、冬花坛；按栽植材料可分为一、二年生草花坛、球根花坛、水生花坛、专类花坛等；按表现形式可分为花丛花坛（用中央高、边缘低的花丛组成色块图案，以表现花卉的色彩美）和模纹花坛（以花纹图案取胜，通常是以矮小的具有色彩的观叶植物为主要材料，不受花期的限制，并适当搭配些花朵小而密集的矮生草花，观赏期特别长）。还有特殊应用的花坛，如花钟等，既有装饰效果又有一定的实用功能，也属于模纹花坛的一种形式，如图 2-21 所示。按花坛的运用方式可分为单体花坛、连续花坛和组群花坛。当今又出现许多由盆花组成的移动花坛，适用于铺装地面和室内的景观装饰。

图 2-21　花钟透视效果

注：应用低矮的、色彩丰富的观叶植物组成花钟的效果，既有极强的装饰性和趣味性，又具有实际功能。

花坛设计，首先必须从周围的整体环境来考虑所要表现的园景主题、位置、形式、色彩组合等因素。设计者必须对园林艺术理论以及植物材料生态习性、观赏特性等有充分的了解。花坛用草、花宜选择株形整齐、具有多花性、开花齐整而花期长、花色鲜明、能耐干燥、抗病虫害和矮生性的种类。常见应用于花坛的花卉有金鱼草、雏菊、金盏菊、翠菊、鸡冠花、石竹、矮牵牛、一串红、万寿菊、三色堇、百日草等。

七、花境

花境是以树丛、树群、绿篱、矮墙或建筑物作背景的带状自然式花卉布置，是根据自然风景中林缘野生花卉自然生长的规律，加以艺术提炼而应用于园林的种植形式。花境的边缘根据环境的不同，可以是自然曲线，也可以采用直线。花境按所种植物类型分为一年生植物花境、多年生植物花境和混合栽植的花境，通常以后者为多。花境设计一般以宿根花卉为主体，适当配置部分一、二年生草花和球根花卉或经过整形修剪的低矮灌木。一般将较高种类种在后面，低矮种类种在前面，但要避免呆板地高矮、前后列队，偶尔可将少量高株略向前凸出，形成错落有致的观赏效果。为了加强色彩效果，各种花卉应成团、成丛种植，并要注意各丛、团间花色、花期的配合，在整体上要有自然的调和美，如图2-22所示。

图2-22　花境透视效果

注：在绿地中应用花境，会增加季相的变化和景观形式的多样性，可以大大提高景点的观赏价值，在当前的植物配置之中正受到越来越多的关注。

八、绿篱

绿篱是乔木或灌木密植成行而形成的篱垣，又称植篱。在园林中的主要用途是在庭院四周、建筑物周围等，四面围合形成独立的空间，增强庭院、建筑的安全性、私密性，如图 2-23、图 2-24 所示。公路、街道外侧用较高的绿篱分隔，可阻挡车辆产生的噪声污染，创造相对安静的空间环境；国外常用绿篱做成迷宫，以增加园林的趣味性，或做成屏障引导视线聚焦于景物，作为雕像、喷泉、小型园林设施等的背景。近代还有利用绿篱结合园景主题，以灵活的种植方式和整形修剪技巧，构成如奇岩巨石般绵延起伏的园林景观。

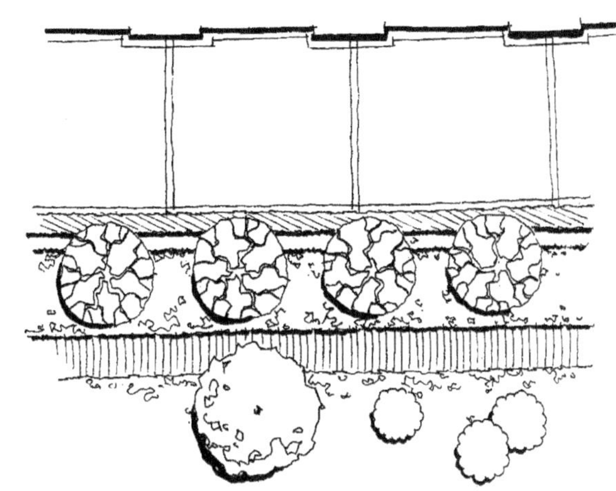

图 2-23　绿篱配置平面布置

图 2-24　绿篱配置透视效果

注：建筑一侧的植物景观，以高大的绿篱分隔绿化和公共空间，以姿态整齐的乔木装饰立面的效果，与高大的建筑形成呼应，其绿化形式简洁而美丽。

绿篱按其高度可分为矮篱（0.5m以下）、中篱（0.5~1.5m）和高篱（1.5m以上）。矮篱的主要用途是围定园地和作为装饰；中篱及高篱的用途是划分不同的空间，屏障景物。用高篱形成封闭式的透视线，比用墙垣等更富生气。高篱作为雕像、喷泉和艺术设施景物的背景，可以很好地衬托这些景观小品。绿篱按照修剪与否可分为自然式和整形式两种，前者一般只施加少量修剪以调节生长态势，后者则需要定期进行整形修剪以保持体形外貌。绿篱按植物种类及其观赏特性的不同可分为绿篱、彩叶篱、花篱、果篱、枝篱、刺篱等，必须根据园景主题和环境条件精心选择筹划。例如同为针叶树种绿篱，有的树叶具有金丝绒般的质感，给人以平和、轻柔、舒畅的感觉；有的树叶颜色暗绿，质地坚硬，会形成严肃、静穆的气氛；阔叶常绿树种类众多，更有多样的效果。花篱不但花色、花期不同，而且还有花的大小、形状、有无香气等的差异，从而形成情调各异的景色；果篱除了果实大小、形状色彩各异以外，还可招引不同种类的鸟雀。作绿篱用的树种必须具有萌芽力强、发枝力强、愈伤力强、耐修剪、耐阴力强、病虫害少等优良习性。

第五节　植物在景观设计中的配置原则

园林植物的配置包括两个方面，一是各种植物相互之间的配置，考虑植物种类的选择、组合、平面的构图、色彩、季相以及园林意境等；二是园林植物与其他园林要素如建筑、小品、山石、水体、地形等相互之间的配置。

不同的园林植物具有不同的生态和形态特征，它们的干、叶、花、果的姿态、大小、形状、质地、色彩和物候期各不相同，它们（主要指树木）在幼年、壮年、老年以及四季的景观也具有较大差异。因此在进行植物配置时，必须要依据一定的原则，因地、因时制宜，既要保证植物正常生长，又要充分发挥其观赏特性。

一、植物配置的功能性原则

园林绿地具有景观、生态、经济、防灾避险、卫生防护等功能。在进行园林植物配置时，应根据城市绿地类型及人们的要求，选择不同的植物营造不同的植物群落类型，来体现不同的园林功能，并创造出丰富多彩且与周围环境互相协调的植物景观。

例如，以工业为主的地区，在植物造景时就应先充分考虑到树种的防护功能，在污染严重的工厂应选择抗污染性强、对污染物吸收强的植物种类；居民区中的植物造景则要满足居民的日常休憩需要，如图2-25所示；而在一些风景旅游地区，树木的绿化、美化功能就应得到最好的体现；在医院、疗养院规划设计时，应重点选择具有杀菌和保健功能的种类及花果叶等观赏价值高的树种；街道绿化要选择抗逆性强、移植容易，对水、土、肥要求不高，耐修剪、树干挺直、枝叶茂密、生长迅速而健壮的树种；山体绿化要选择耐旱树种，并有利于山景的强化；水边绿化要选择耐水湿的植物；设计烈士陵园绿化，树木宜选择常绿树特别是松柏类，表示烈士英雄“坚强不屈”高尚品德；在幼儿园绿化设计中为增加活泼气氛，最好选择低矮和色彩丰富的树木，如红花继木、金叶女贞、寿星桃等，不能选择有刺、有毒的树木，如夹竹桃、构骨等。

图 2-25　居住区植物景观透视效果

注：居住区绿地利用植物群落围合空间，并形成不同的观赏面，较好地满足了居民的使用功能和绿地生态功能。

二、植物配置的生态性原则

随着生态园林的深入发展及景观生态学等学科的引入，植物造景不再是仅仅营造视觉艺术效果的景观。生态园林建设的兴起已经将园林从传统的游憩、观赏功能发展到维持城市生态平衡、保护生物多样性和再现自然的高层次阶段。

园林植物既是风景构成的主体因素，同时又是为人所用的客体对象。因此植物配置的生态要求不仅指植物与植物、植物与环境（包括生物与非生物）的关系要协调稳定，更要协调植物与人的关系，使人在植物构成的空间中能够感受生态、享受生态并且理解和尊重生态。

植物配置要遵循生态园林植物配置的原则，充分考虑物种的生态特征，合理选择配置植物种类，形成结构合理、功能健全、种群稳定的复层群落结构，既能充分利用环境资源，又能形成优美的景观，建立人类、动物、植物相联系的新秩序，达到生态美、文化美和艺术美的兼顾。植物配置的生态性原则主要包括以下几个方面。

（一）尊重植物的生态习性及当地自然环境

植物在长期的系统发育中形成了对不同环境的适应性，这种特性一般来说是难以改变的，例如植物有喜阴喜阳、耐旱耐湿、喜酸喜碱等生理、生态特性的差异。植物配置如果不尊重植物的生态特性和生长规律，就生长不好甚至不能生长，更谈不上植物造景的风格了。例如垂柳耐水湿，适宜栽植在水边；红枫弱阳性、耐半阴，阳光下红叶似火，但是夏季孤植于阳光直射处易遭日灼之害，故宜植于高大乔木的林缘区域；桃叶珊瑚的耐阴性较强，喜温暖湿润气候和肥沃湿润土壤，是香樟林下配置的良好绿化树种。

植物除了固有的生态习性，还有明显的自然地理条件特征。每个区域的地带性植物都有各自的生长气候和地理条件背景，经过长期生长，与周围的生态系统达成了良好的互生关系，因此在引种该类植物时必须满足其对生态环境的要求。例如，高山植物长年生活在云雾弥漫的环境中，在引种到低海拔平地时，空气湿度是其存活的主导因子，因此将其配置在树荫下较易成活。

植物在长期的生长进化过程会产生彼此相生、相克的关系，这种关系称为他感作用。有的物种长期共同生活在一起，彼此相互依存，例如兰科植物、云杉、栎树、桦木、落叶松等植物与菌根具有共生关系；一些植物的分泌物有利于另一些植物的生长发育，如黑接骨木对云杉根的分布有利。有的物种彼此之间不能共存或生长不好，如一些植物的分泌物对其他植物的生长不利，例如胡桃和苹果、白桦与松树等不宜种在一起；还有梨和桧柏栽植在一起，容易发生转主寄生的病虫害。因此在配置植物种类时，必须考虑到植物的他感作用，确保构建和谐稳定的植物群落。

（二）遵守生物多样性原则

城市绿地中一般植物种类较少，植物群落结构单调，缺少自然地带性植被特色，而单一结构的植物群落由于种类较少，形成的生态群落结构很脆弱，极易向逆行方向演替，造成草坪退化，树木病虫害增加。人们为了维持这种简单的植物生态结构，必然强化肥水管理、病虫害防治、整形修剪等工作，导致绿地养护成本加大。根据生态学“种类多样导致群落稳定性原理”，要使园林绿地稳定、协调发展，就必须提高城市绿地的生物多样性。多样性的物种种类，不仅能提高群落的观赏价值，形成丰富多彩的群落景观，还能增强群落的抗逆性和韧性，有利于保持群落的稳定，更好的发挥植物群落生态功能。因此，城市绿化中应充分利用优良乡土树种，积极引入易于栽培的新种类，驯化观赏价值较高的野生物种，丰富园林植物种类，形成色彩丰富、多种多样的园林景观。

1. 挖掘植物特色，丰富植物种类　物种多样性是生物多样性的基础。当前的许多植物景观设计为了追求立竿见影的效果，滥用大规格苗木及快生树种，放弃了许多优良的物种，特别是慢生树种。其实每种植物都有各自的优缺点，本身无所谓优劣好坏，关键在于如何将植物运用在合适地方，以及如何加强其后期的养护管理水平使之尽快形成稳定群落。因此在植物配置过程中，设计师应该综合考虑植物的各种特点，使彼此之间科学合理的搭配。例如，某些适应性较强的落叶乔木有着丰富的色彩以及较快的生长速度，适宜与一定比例的常绿树种搭配，一起构成复层群落的上木部分，就可以丰富季相的变化并保证景观的持久性。另外，要提倡大力开发运用乡土树种。因为乡土树种适应能力强，不仅能够丰富植物多样性，而且还会使植物景观更具地方特色，如图 2-26 所示。

图 2-26 热带植物配置透视效果

注：这是典型热带植物景观的配置方式，高大的乡土树种椰子和几株花灌木形成一派优美的热带风光。

2. 构建丰富的复层植物群落结构 植物群落通常不是由单一的植物种类组成的，而是多种植物的复层组合。符合自然规律和风貌的植物景观必须重视生物多样性，如果植物种类单一，不仅影响生态效益，景观效果也会比较单调。因此从某种意义上讲，重视园林植物多样性是一个模拟和创建自然植物群落的过程。在植物景观设计时，要充分了解植物生理、生态习性和形态特点，借鉴本地自然环境条件下自然群落的种类组成和结构规律，将乔木、灌木、草本、藤本等植物进行科学搭配，构建和谐、有序、稳定的多种类型的复层植物群落，如图 2-27 所示。

构建复层植物群落结构不仅有助于丰富绿地的生物多样性，还能充分利用空间使叶面积指数增加，提高生态效益及环境质量。良好的复层结构植物群落能够最大限度地利用土地及空间，使植物充分利用光照、热量、水势、土肥等自然资源，产出比草坪高数倍乃至数十倍的生态经济效益。复层结构群落能形成多样的小生境，为动物、微生物提供良好的栖息和繁衍场所，形成循环生态系统以保障生态系统中能量转换和物质循环的持续、稳定发展。而单一的草坪大量消耗城市有限的水资源，其养护管理费用很高，而且在涵养水源、净化空气、保持水土、降噪吸尘等生态效益方面，与乔、灌、草组成的复层群落结构相比有着显著的差异。

图 2-27　复层植物群落透视效果

注：综合运用多种植物形成复层植物群落，不仅能够丰富景观的层次，也有利于保持景观的稳定性和可持续性。

三、植物配置的艺术性原则

随着现代社会文明程度的进步，人们欣赏园林景观的水平也日益提高，这也对植物造景提出了更高的要求。植物配置需要在尊重生态的基础上，遵循美学原理，借鉴自然美、古典美的精髓，掌握植物配置的奥妙和规律，运用现代的设计理论，创造出更多、更好地符合时代节奏的现代园林景观。植物造景不仅要营造园林植物的一时景观，更要重视季相变化及不同生长时期的景观效果，从而达到步移景异，时移景异。

植物配置要表现出植物群落的美感，体现出科学性与艺术性的和谐。这需要我们进行植物配置时，熟练掌握各种植物材料的观赏特性和造景功能，并对整个群落的植物配置效果有一个整体把握，根据美学原理和人们对群落的观赏要求进行合理配置。同时，对所营造的植物群落的动态变化和季相景观有较强的预见性，要注意植物色彩美与季节的关系以及颜色搭配的协调性，使植物在生长周期中，一年四季都表现出不同的景观效果，丰富群落美感，提高观赏价值。此外，绿地布置和植物配置要考虑其规模、空间尺度，植物高度与游人视线的关系等，使绿化更好地装饰、改善环境，利于游人活动与游憩，如图 2-28 ~ 图 2-30所示。

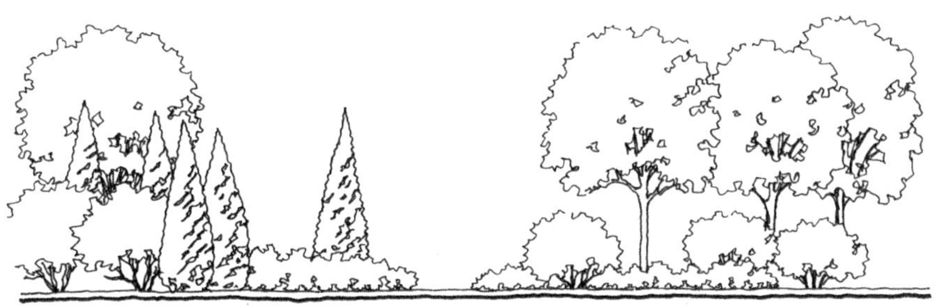

图 2-28 植物配置立面效果（一）

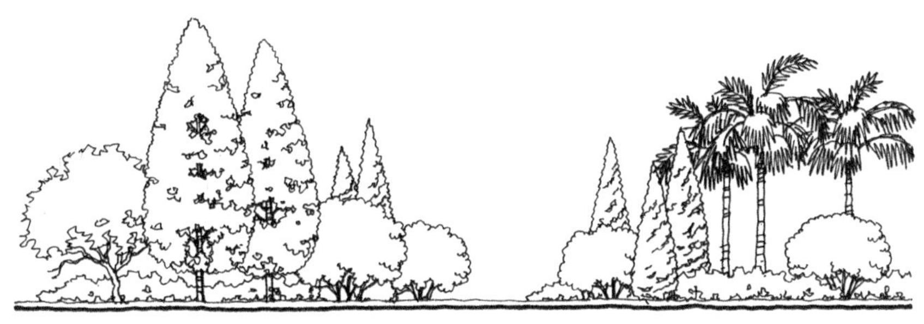

图 2-29 植物配置立面效果（二）

图 2-30 植物配置立面效果（三）

注：在植物景观设计中，要充分考虑层次及林缘线的变化，对主要场景进行立面上的分析，才能保证最后优美的景观效果。

园林植物的景观配置要表现出一定的风格。植物本身是活的有机体，所以其风格的表现形式与形成因素就更为复杂一些。一团花丛、一株孤树、一片树林、一组群落，都能以其干、叶、花、果的形态，反映其姿态、疏密、色彩、质感等方面，从而表现出一定的风格。如果再想表达人们赋予的文化内涵——如诗情画意、社会历史传说等因素，就更需要在进行植物栽植时加以细致、深入的规划设计，才能获得理想的艺术效果，从而表现出植物景观的艺术风格。

经过设计的植物空间，通常以观赏价值高的乔木或灌木为主景。以乔木做主景时，一般为孤植、丛植或列植；以灌木做主景时，一般为群植或丛植。在地形起伏的草坪上，主景树常配置在地势的最高处。孤赏树附近应避免有与之体量相似、颜色相近的树，造成主景不够突出。有些树种如水杉、圆柏等，单株观赏时树体较为单薄，孤植做主景体量欠丰满，而丛植更能充分体现其观赏特性。为了防止主景杂乱无章，主景树丛一般只选择一个树种，几株丛植、各株间距要有所不同，体量也必须有一定的差异。这样，树丛就会疏密有致，统一而不呆板。

四、植物配置的色彩性原则

自然界花、草、树木的色彩变化是非常丰富的，四季的色彩变化也不同。其中树木有色叶树和常绿树之分，绿色叶子也有深、浅、浓、淡之分，随树种、四季的不同其叶色还有变化，如针叶林呈蓝绿色、常绿阔叶林呈深绿色、银白杨呈现碧绿与银白交相辉映的色相；另外，植物种类多样，其花色、果实的颜色也是变化丰富的，可以形成不同的景观效果；还有许多植物的枝干具有特别的颜色，可以在园林中加以巧妙地运用。不同色相的种群合理配置，是进行植物景观设计时需充分考虑的。

要塑造多姿多彩的植物时序景观，必须对植物材料的生长发育规律和四季的景观表现有深入的了解，根据植物材料在不同季节中的不同色彩观赏特征来创造园林景观，引发人们的不同感受。因此，在植物配置时要充分了解色彩的原理，运用单色表现、多色配合、对比色处理以及色调和色度逐层过渡等不同的配置方式，实现园林景物色彩构图的要求，创造出五彩缤纷且具有视觉冲击力的植物景观。

（一）植物色彩美的常用形式

园林植物色彩表现的形式一般体现为对比色、邻补色、协调色的形式。对比色相配的景物能产生对比的艺术效果，给人以醒目的美感；而邻补色就较为缓和，给人以淡雅、和谐的感觉；协调色一般以红、黄、蓝或橙、绿、紫的二次色配合，均可获得良好的协调效果，这在园林中应用已经十分广泛。例如，橙黄的金盏菊和紫色的羽衣甘蓝配置，远看色彩热烈鲜艳，近看色彩和谐统一，具有较好的观赏效果和视觉冲击力；在栽植荷花的水面，当夏季雨后天晴，绿色荷叶上雨水欲滴欲止，粉红色荷花相继怒放，犹如一幅天然水墨画，给人一种自然可爱的含蓄色彩美；道路分车带常以疏林草地为主，如种植高大乔木银杏，则夏季树木、草坪深浅变化的绿色清新宜人、和谐可爱，而秋季银杏叶色变黄，黄叶落在绿色的草坪上，黄绿色彩的交相辉映，既壮观又协调，给人一种赏心悦目的感觉。

（二）植物色彩美与色叶树的应用

色彩美是构成园林美的主要成分。植物种类繁多，有木本、草本，木本中又有观花、观叶、观果、观枝干的各种乔木和灌木，草本中又有大量的花卉和草坪植物，不同的植物有不同的色彩美的表现载体。植物色彩美主要表现在叶色上，绝大多数植物的叶片是绿色的，但在色度上有深浅不同，在色调上也有明暗、偏色之异。这种色度和色调随着一年四季的变化而不同。例如垂柳发叶时由黄绿逐渐变为淡绿，夏秋季为浓绿；春季银杏和乌桕的叶子为绿色，到了秋季则银杏叶为黄色，乌桕叶为红色；鸡爪槭叶子在春天先红后绿，到秋季又变成红色。树木随季节的不同，其色彩丰富多变，应充分运用最佳色彩搭配规律，实现科学的植物配置。

（三）植物色彩美与色块配置

植物色彩美的另一种表现形式，就是利用植物的群体配置体现园林色块的景观效果。色块的大小可以直接影响对比与协调，色块的集中与分散是最能表现色彩效果的手段，而色块的排列又决定了园林的形式美。这种形式在当今的园林绿化中应用较多，科学巧妙地运用色彩的色相、色度、层次，能够给人们带来美的享受。

五、植物配置的环境心理学原则

环境心理学认为在人与环境的相互作用中，人可以改变环境，相反人的行为和经验也被环境所改变。景观设计师在长期的设计实践中得出一个结论，就是设计的景观与人的联系往往比景观本身更重要。在植物配置设计过程中，无论设计师在布置一棵树或是一个植物空间，都存在诸多环境心理因素的考虑。不仅要考虑它们的空间位置关系，还要考虑与它相关的人的关系，设计师应该通过一系列关系的设计来充分展示植物景观最吸引人的特征，从而控制人对植物景观的感知。因此，要合理运用环境心理学的知识来指导设计人性化的植物景观，首先就要了解什么样的植物景观是人们需要和喜爱的。

（一）基本要求

1. 安全性　在个人化的空间环境中，人需要占有和控制一定的空间领域。心理学家认为，领域不仅提供相对的安全感与便于沟通的信息，还表明了占有者的身份与对所占领域的权利象征。因此，领域性作为环境空间的属性之一无处不在。园林植物配置更应该尊重个人空间感受，使人获得稳定感和安全感。例如，古人在家中围墙内侧常常种植芭蕉，芭蕉无明显主干，树形舒展柔软，人不易攀爬上去，种在围墙边上既增加了围墙的厚实感，又可防止小偷爬墙而入，如图 2-31 所示。又如常见的绿篱，既起到与场所分隔作用，又起到暗示安全感的作用，实现了各自区域的空间限制，从而使人获得了相关的领域性。

2. 实用性　古代的庭院最初就是经济实用的果树园、草药园或菜圃。即使在当今的许多私人庭园或别墅花园中，仍然可以看到硕果满园的风光或是田园气息的菜畦。无论是私家庭园还是公共绿地，都应该能够满足使用者的需求，不仅有以观赏、娱乐为目的的，而且还应有供游人使用、参与以及生产防护功能的，如图 2-32 所示。例如，座凳边种植遮阴树能提供舒适的休息场所；开放式的草坪可让人进入活动；国外常见的设计花园，游人可以利用园内提供的园艺设施动手参与园艺活动；用绿篱既可把大场地细分为小功能空间，又能挡风降噪、隐藏不雅景致。

3. 宜人性　在现代社会，植物景观不应该仅仅局限于其实用功能，还必须满足人的审美需求以及人们热爱美好事物的心理需求。单株植物具有形体美、色彩美、质地美、季相变化美等；丛植、群植的植物通过形状、线条、色彩、质地等要素的组合以及合理的尺度，再加上不同绿地的景观元素（铺地、地形、建筑物、小品等）的搭配，既可以美化环境，为景观营造增色，又可以让人在无意识的审美感觉中调节情绪、陶冶情操，如图 2-33 所示。因此在进行植物景观设计时，抓住人们微妙的心理审美过程，对于创造一个符合人内在需求的环境，能起到十分重要的作用。

图 2-31　古典植物配置透视效果

注：中国古典园林常用的配置方式是以芭蕉来搭配传统的建筑，除在意境及形式上极富美感之外，也符合安全性的要求。

4. 私密性　私密性可以理解为个人对空间可以接近程度的选择性控制。人对私密空间的选择可以表现为希望一个人独处，按照自己的愿望支配自己的环境；或几个人亲密相处而不愿受到他人干扰；或者反映某些人在人群中不求闻达、隐姓埋名的倾向。尤其是当今社会繁华的城市中，竞争非常激烈，人们的压力逐渐增大，因而极其向往拥有远离喧嚣的清静之地。这种要求在大自然中更容易得到满足，当然在绿地中也可以通过种植设计或以植物景观为主结合景观小品的设计来达到，如图 2-34 所示。植物是创造私密性空间的最好的自然要素，设计师考虑人对私密性的需求时，就要在空间属性上有较为完整和明确的限定，一些布局合理的绿色屏障或是分散排列的树就可以提供私密空间。在植物营造的静谧空间中，人们可以进行读书、静坐、交谈、私语等安静性活动。

5. 公共性　人们生活在社会中，不仅需要私密空间，还需要自由开阔的公共空间。公共空间包括城市广场、公园、居住区中心绿地等，这些区域容易使人聚集，促进人与人相互交

图 2-32　植物配置透视效果

注：层次丰富的植物群落为别致的现代廊架形成良好的背景，同时透过廊架能够看到美丽的植物景观。色带丰富了廊架前的广场，划分了不同的休憩空间并形成视觉的焦点。

图 2-33　植物配置透视效果

注：这是居住区中小场景的植物搭配，背景植物与景墙的线形相呼应，景墙前用绿篱将空间有机分隔，形成了一处宜人的景观，能够使人们精神放松。

图 2-34　私密空间植物配置透视效果

注：在浓密树木的围合之下，小型广场及景观亭成为安静休憩的首选之所，具有极好的私密性。

往。因此在植物景观设计的过程中，要充分考虑这些空间属性与人的关系，使人与环境达到最佳的互适状态，如图 2-35 所示。不同的公共区域有不同的植物配置的方式，例如在车站的出入口和广场上，可以利用标志性的植物景观，加强标志和导向的功能，使人产生明确的场所归属感；在医院可以利用植物对不同病区进行隔离，并利用植物的季相变化和色彩特征营造不同类型的公共休息区。

（二）植物与环境意象

植物作为园林中的一个重要组成元素，与道路、边界、节点、区域、标志等环境意象的形成有着密切的联系，植物本身可以作为主景构成标志、节点或区域的一部分，也可以作为这几大要素的配景或辅助部分，帮助形成结构更为清晰、层次更为分明的环境意象，来影响或引导人们的心理感受。

1. 道路——有序的植物景观意象　道路通常是整个环境意象的框架。园林道路应该特征明确、贯通顺达，具有强烈的引导性和方向感，即使是曲折通幽的小径，也必须具有明显的规律性特征，能够暗示前方的景观特征。

在笔直的园路种植单行或双行树，会给人以强烈的视觉冲击感；而自然的道路则可以在

图 2-35　公共区域植物配置透视效果

注：以浓密的植物围合出的广场区域，适合集中活动。是居住区中人们聚集玩耍的好去处。

一侧或两侧用植物强调顶点位置，强化道路的走向效果。园林中的道路可以利用植物逐渐形成统一的空间序列并连接不同的功能场地，游人沿着植物暗示的道路行进，就能顺利走向目的地，如图 2-36 所示。在有序的空间序列中，人们才能更有安全感。

2. 边界——清晰的植物景观意象　园林中的边界不仅是指分隔绿地与外部环境的分界，而且还包括园林内部不同区域之间的分界，道路常常形成区域的边界，利用植物也可形成不同的边界意象。边界有实隔和虚隔之分，实隔往往用成排密实、整形的绿篱进行围合，创造出两个不能跨越的空间，可以有效地引导人流，实现空间的转换；虚隔常用草坪与园路来形成，还可以用球形灌木有机散植，形成相对模糊的边界，这样既能起到空间界定作用，又不过于阻隔人与自然的亲近。

现代开放式绿地的边界设计更倾向于开敞式公共广场的形式。常用绿篱来分隔空间，结合种植整齐的浓荫树构成显著、清晰的场所特征和标志，广场一侧可分别设几个入口，方便人们自由地进出场所，这样就能为等候、驻足、小憩的人提供一个遮阴、可靠、安全的场所，如图 2-37 所示。

图 2-36　小路植物配置透视效果

注：小路以低矮的灌木强调了道路曲折的线形，特别是在转折处以几株常绿针叶树来强调前方道路走向的转折变化。

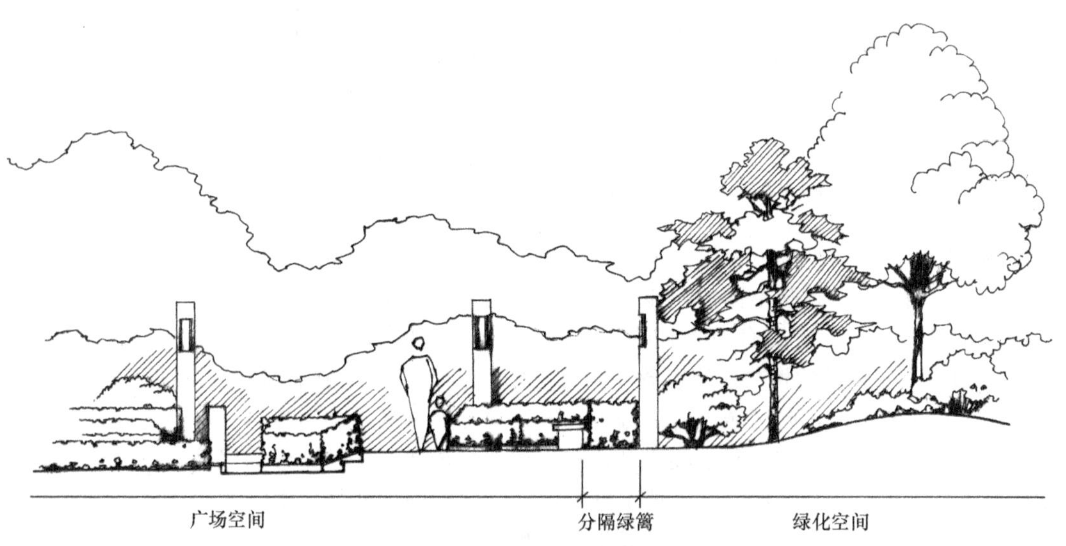

图 2-37　植物配置立面效果

注：小广场的植物配置，以整齐修剪的绿篱和散植的常绿树划分了边界和空间，形成了良好的休憩环境。

3. 标志——象征性的植物景观意象　标志是一种特征显著、易于发现的定向参照物。人们对标志的环境意象是十分敏感和兴奋的。在园林中，标志物可以是一个雕塑、一组小品或者一座保留着历史记忆的构筑物，也可以是一棵或者几棵历史悠久、株型特别的大树。无论在绿地的哪个区域，标志物都可以作为区域的核心景观。植物作为绿地中标志性的景观往往表现为以下几种形式：①草坪中的孤植树，此类植物要求形体高大，枝繁叶茂，叶、花、果等具有特殊观赏价值，才能构成视觉焦点，达到引人入胜的效果；②在建筑物前、桥头等位置的孤植树，具有提示性的标志作用，使游人在心理上产生明确的空间归属意识；③一些具有历史纪念意义的古树名木，构成园林中的特有的精神特征和文化内涵，成为全园的标志，如图 2-38、图 2-39 所示。

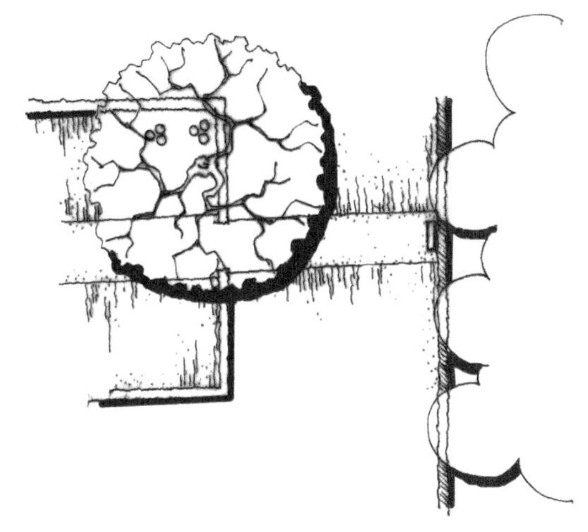

图 2-38　标志性植物景观平面布置

4. 景观节点——引人入胜的植物景观意象　节点的重要特征就是具有集散功能。

图 2-39　标志性植物景观透视效果

注：小庭院以一棵高大的落叶乔木成为视觉的焦点和标志性景观，而林下则成为家庭活动、休息的中心。

节点往往是区域的中心和人群驻留的地方。在园林空间中，节点包括绿地的出入口、道路起点与终点、道路的交叉点、区域的交叉点等。例如，园林中的入口是划分内外、转换空间的过渡地带，人们进入某一类型的园林时，最先是通过入口接受环境信息的，如果入口不能有效疏导人流，不能吸引或引导视线，反而阻断视线，则不仅难于建立入口环境意象，甚至会使人产生焦虑和失望的感觉。因此入口植物配置的布局形式不宜分散复杂，宜集中简洁，视野通畅。植物种类应选择形态优美、观赏性强的景观树种，给人明朗、兴奋的入口意象，如图 2-40 所示。另外，对于大多数游人来说，体验出口的过程往往是对游园全程的总结与回味，因此出口作为节点的设计也非常重要。

图 2-40　游园入口景观透视效果

注：这是某游园入口处的植物配置，形式简洁、视线通透，具有良好的认知感。

5. 区域——统一而又和谐的植物景观意象　在园林中是指具有某些共同特征，并占有较大空间范围的区域，如广场、儿童或老人活动场所、种植区、草坪区、停车场等。区域的类型很多，与之对应的植物景观意象也就多种多样。从环境心理学角度出发，设计应遵循统一、和谐的原则。例如，设计某个年龄层次人的活动区域，植物意象特征就应该抓住这个年龄层次人的心理和生理特征，以符合他们的心理需求。例如儿童活泼好动，好奇心极强，其活动区域的植物就不宜采用针叶类或带刺、含有毒物质的植物，而应选择一些健康有益且观赏性强的植物，来激发他们的好奇心，增强他们的求知欲，如图2-41所示；而在设计老年人活动场地时，就要考虑老年人在性格上更偏向于沉稳、安静，心灵上更渴望回归安祥、宁静的状态，因此应选择一些保健类的植物，有利于老年人身心健康，而不宜过多应用色彩鲜艳的植物，以避免引起过度激动或兴奋，并要注意通过植物配置来屏蔽较高程度的环境干扰。

图2-41 区域植物景观透视效果

注：幼儿园区的植物配置除了要注重结合硬质景观的因素外，更要注意满足儿童的使用要求。如在园区要保持通透，同时应注意栽植观赏性强的花灌木，以形成良好的区域感并满足儿童观赏及认知的天性。

六、植物配置的文化性原则

随着现代社会文明程度的提高，人们在关注科学技术进步和经济发展的同时，也越来越关注外在形象与内在精神文化素质的统一，饮食、服饰、民俗和建筑等诸多文化的存在，充实了城市的内在美，让城市文脉得到了延续。而在这些不同的文化之中，园林文化是城市精神内涵不可或缺的重要部分。

植物可以记载一个城市的历史，见证一个城市的发展历程，向世人传播它的文化，也可以像建筑物、雕塑那样成为城市文明的标志。和城市一样，植物代表的文化经过时代变迁的历程，不仅反映人们对植物的了解，更多地反映了人们对植物应用发展方向的不懈探索，及对城市历史文脉的把握和延续。

作为中国古代艺术中的精品，具有历史文化内涵的古典园林有许多造园手法值得借鉴，特别是古人利用植物营造意境的文化成就。中国灿烂的文化赋予了植物抽象的、极富思想感情的美，即意境美。植物本身所具有的丰富寓意和立体观赏特征，使得园林、庭院充满了诗情画意，如图2-42所示。古典园林中植物的姿态、香味等通过人的观感借景抒情、表情达意，反映出古代文人墨客的心境。例如，南方私家宅院常以白粉墙为背景，配置几竿修竹、数块山石、三两棵芭蕉，就构成了韵味十足的园林景观。这种古典园林文化意境的营造及植物配置的手法在现代园林也值得延续和继承，在新的场所中诠释具有时代特色的植物意境，体现城市文化中与众不同的历史内涵。

图2-42　古典园林植物配置透视效果

注：杭州西泠印社局部景观，古典园林中植物与景观小品的搭配，具有一种别样的意境。

特定的文化环境，如历史遗迹、纪念性园林、风景名胜、宗教寺庙、古典园林等，要求通过各种植物的配置使其具有相应的文化氛围，从而使人们产生各种在主观感情与客观环境之间的共鸣和联想。例如，常绿的松科和塔形的柏科植物进行丛植，会显示出庄严、肃穆的气氛；开阔的疏林草地，给人以开朗舒适、自由轻松的感觉；高大的水杉、雪松等则给人以蓬勃向上的感觉。各种不同的植物配置、组合，能形成千变万化的意境，给人以丰富多彩的艺术感受。

植物配置应体现不同植物的形态与生态特征，将人与大自然很好地协调，并通过拟人化的植物景观风格获得具有民族精华的艺术效果，将历史文化内涵再现出来，使人们从欣赏植物形态美升华到意境美。人们在欣赏植物的时候，融汇了自己的思想情趣与理想哲理，将植物的形象之美人格化，并赋予一定的品质与内容，如松之坚贞不屈，梅之清致雅韵，竹之刚正不阿，兰之幽谷品逸，菊之傲骨凌霜，荷之出污泥而不染，玉兰、海棠、迎春、牡丹、桂

花象征“玉堂春富贵”。因此，植物配置要了解和掌握植物的文化内涵，使植物景观能够演绎绿色的篇章，如图 2-43 所示。

图 2-43　植物配置透视效果

注：苏州留园闻木樨香轩，景亭周边遍植桂花，秋高气爽桂花盛开时，香气袭人，结合景点的主题，能使人产生丰富的联想。

当代的植物造景，除重视特定区域的文化性表现之外，更重要的是营造地区性的园林文化，使不同地区、不同城市拥有文化特色鲜明的植物景观。以下几方面的措施，是加强城市和地区园林文化特征的常用手法：

（一）市花、市树的应用

市花、市树是市民经过投票选举并经过市人大常委会审议通过的，受到大众广泛喜爱的植物种类，也是比较适应当地气候条件和地理条件的植物。我国许多城市都有自己的市花、市树，它们本身所具有的象征意义也上升为该地区文明的标志和城市文化的象征。例如北京的市花是菊花和月季，市树是侧柏和国槐，这反映了兄弟树、姊妹花的城市植物形象；上海的市花是白玉兰，象征着一种奋发向上的精神；广州的木棉素有“英雄树”之美名，象征蓬勃向上的事业和生机。还有青岛的耐冬、杭州的桂花、昆明的山茶等，都是具

有悠久栽培历史及深刻文化内涵的植物。植物配置时利用市花、市树的象征意义与其他植物或小品、构筑物相得益彰地进行配置，可以赋予其浓郁的文化气息，满足了市民的精神文化需求。

（二）地带性植物的应用

如果说市花、市树是有限的城市文化的典型代表，那么地域性很强的地带性植物则可以为植物配置提供广阔的景观资源。在丰富的植物种类中，地带性植物是最能适应当地自然生长条件的，不仅能够达到适地、适树的要求，而且还代表了一定的植被文化和地域风情。例如在北方城市中，杨树是独特的地域性风景体现；而在广州、珠海、深圳、厦门等城市，椰子则是典型南国风光的代表，另外得天独厚的自然条件给予了这些城市颇具特色的植物景观，如各类观花乔木、棕榈科植物、彩叶植物、攀援植物、宿根花卉地被等。各种生长良好、种类丰富的植物能为城市多样化的植物配置提供有利的条件，如图2-44所示。

图2-44　植物配置透视效果

注：昆明园博园中海南园以巨大的景石结合水池的设计象征海南岛的天涯海角景观，植物配置以海南椰子形成种植的主景，近景处种植各种热带花灌木，以高大的密林形成绿化的良好背景。

另外，具有明显科技价值、科普意义的地带性植物在城市中的应用，能够体现一个城市的大众科技水平和文明修养，间接地体现出一个城市的文明程度。如榕树的独木成林、猪笼草的食虫原因及捕虫机制、薜荔与榕小蜂的共生关系等，都表达了一种

当地的自然现象，这些植物为科学知识的普及提供了生动的认知对象，起到了很好的教育功能。

（三）古树名木的保护与应用

在城乡范围内，凡是树龄在百年以上的即可成为古树；而具有历史、文化、科学意义或者其他社会影响而闻名的树木，则称为名木。古树、名木作为历史的见证，是活的文物，不仅为文化艺术增添光彩，还是研究古自然史及树木生理的重要资料，另外对树种规划也具有很大的参考价值，因此我们要重视古树名木的保护和管理，如图2-45所示。

总而言之，植物配置的文化原则，是在特定的环境中通过各种植物配置使园林绿化具有相应的文化气氛，形成不同类型的文化型植物群落，使人们产生各种主观感情与客观环境之间的情景交融。

图2-45　**黄山迎客松透视效果**

注：黄山迎客松是黄山的标志之一，它对于提升风景区的品质和声誉具有不可估量的作用，需要重点保护。

第六节　植物配置的基础理论

一、植物配置的构图方法

树丛是种植构图上的主景。树丛通常是由2~10株乔木组成，再结合各种花灌木以及草本地被植物的配置，就构成了千变万化的植物景观的基本要素。因此，掌握好基本的植物配置方法，是做好植物配置的基础，如图2-46所示。

二、植物配置的层次

为克服景观效果的单调，植物造景时应该以乔木、灌木、藤本植物、地被植物等进行多层次的配置，实现群落化的效果。这种种植方式在平面上表现为林缘线的设计，在立面上则表现为林冠线的设计，经过群落林冠线的设计，可以组织丰富多彩的立体轮廓线。相同面积的地段经过林缘线或林冠线的设计，可以划分成或大、或小的植物围合空间，或在大空间中划分小空间或组织透景线以增加空间的景深，通常以高大乔木来强调这种透景线，景观设计中称之为“框景”，如图2-47所示。

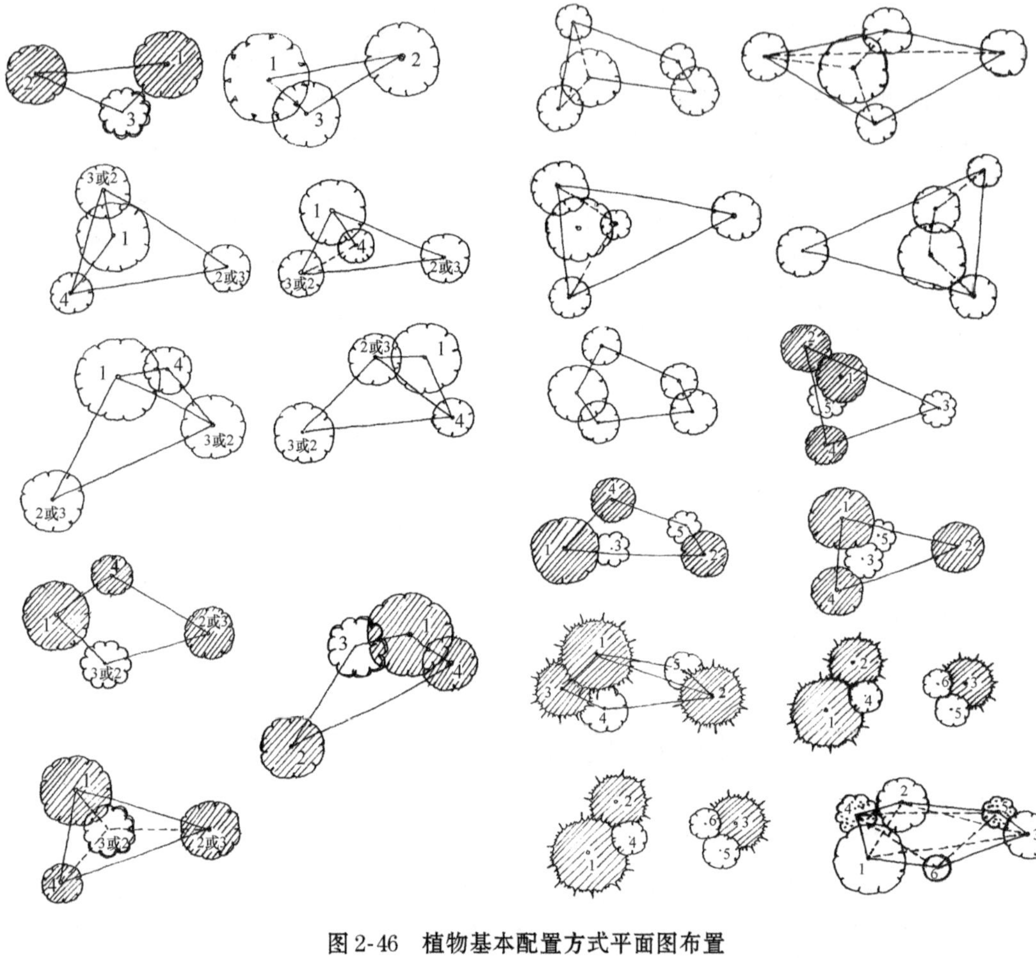

图 2-46　植物基本配置方式平面图布置

注：三株、四株、五株、六株树木搭配的不同方式，也是树木搭配的基本原则，千变万化的树种搭配都是从基础的搭配方式发展而来的。

在林冠线起伏不大的树丛中，如突出一株特别高的孤立树，可以起到标志和导游的作用。同时，由于树木分枝点有高有低，在群落林冠线设计中也可以根据人体的高度，创造开敞或封闭的植物空间。配置时要注意背景树一般宜高于前景树，栽植密度要大，最好形成绿色屏障，色调则宜深或与前景有较大的色调和色度上的差异，不同花色、花期的植物间隔配置，以加强衬托效果，可以使色彩和层次更加丰富。如图 2-48、图 2-49 所示。

图 2-47　植物配置框景透视效果

注：园林空间中用高大乔木进行框景，是植物配置设计中经常用到的手法。

草本植物在植物配置中起到了越来越重要的作用，它们以其独特的观赏价值如鲜艳的花色、优雅的姿态等，与木本植物搭配丰富了景观的层次，形成极其优美的效果，如图 2-50、图 2-51 所示。例如低矮的小檗和高度相近的芍药搭配，淡绿色的小檗和暗绿色的芍药形成协调的色调，春季芍药花姿优美，夏季可欣赏芍药美丽的叶色，夏秋季欣赏小檗的红叶、红果；另外如绣线菊、报春花和雏菊的搭配，欣赏花期可从春到夏长达 3 个月，非常适用于林缘的饰边群体。

图 2-48　植物群落立面效果（一）

注：应用多种高低不同的乔木、灌木、花卉、地被植物形成了多层次的植物景观，背景树与前景树宜形成鲜明的对比。

图 2-49　植物群落立面效果（二）

注：植物群落设计注重落叶乔木、常绿乔木和花灌木的综合应用，层次丰富。几棵高大的刺槐以其优美的枝干形态成为视觉的焦点。

三、植物配置的季相特征

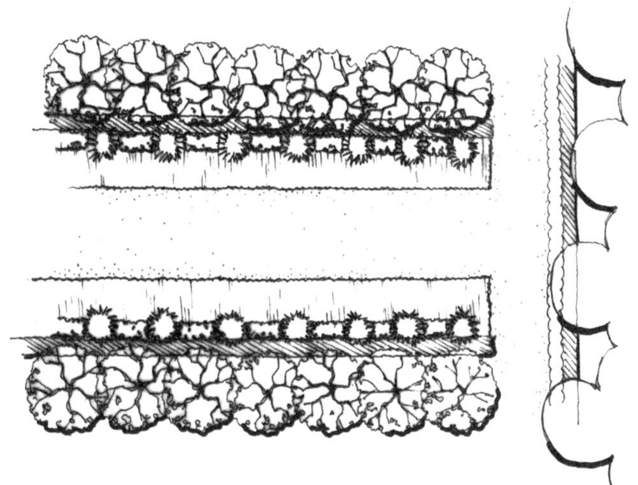

图 2-50　植物配置平面布置

植物在不同季节表现出的景观不同，尤其是其叶、花、果的形状和色彩随季节而变化。植物造景要充分利用植物季相特色，按照植物的季相演替和不同花期的特点创造园林时序景观，体现春、夏、秋、冬的植物季相，给人以时令的启示，表现出园林景观中植物特有的艺术效果，如图 2-52 所示。北方典型的植物景观是春季繁花似锦，夏季绿树成荫，秋季硕果累累，冬季枝干遒劲。为了避免季相不明显时期的偏枯现象，可以采用不同花期、观叶期的树木混合配置、增加常绿树和草本花卉等方法来延长观赏期。

图 2-51　植物配置透视效果

注：草花与绿篱及乔木的配置形成了丰富的层次，浓密的常绿绿篱背景很好地突出了草花的色彩及优美形态。

图 2-52　冬季植物景观透视效果

注：冬季可以采用常绿针叶林造景以形成独特的季相。

园林植物配置要注意不同特征植物搭配的比例及选择，组织好园林的季相构图，使植物的色彩、芳香、姿态、风韵随着季节的变化交替出现，以免景色单调。重点地区一定要四时有景，其他各区可突出某一季节景观。不同植物比例安排影响着植物景观的层次、色彩、季相、空间、透景形式的变化及植物景观的稳定性，如图 2-53、图 2-54所示。因此，在种植设计时应根据不同的目的和具体条件，确定速生树与长寿树、乔木与灌木、观叶与观花及树木、花卉、草坪、地被植物之间的合适比例。

在不同的气候带，植物季相表现的时间不同。例如北京的春色季相比杭州来得迟，而秋色季相比杭州出现得早。即使在同一地区，气候的正常与否和其他特殊的环境条件也常影响季相的变化。如低温和干旱会推迟植物萌芽和开花；秋色叶一般在日夜温差大时才能变红，如果霜期出现过早，则叶未变红而先落，不能产生美丽的秋色。土壤、养护管理等因素也会影响季相的变化，因此季相变化可以在一定程度上进行人工控制。

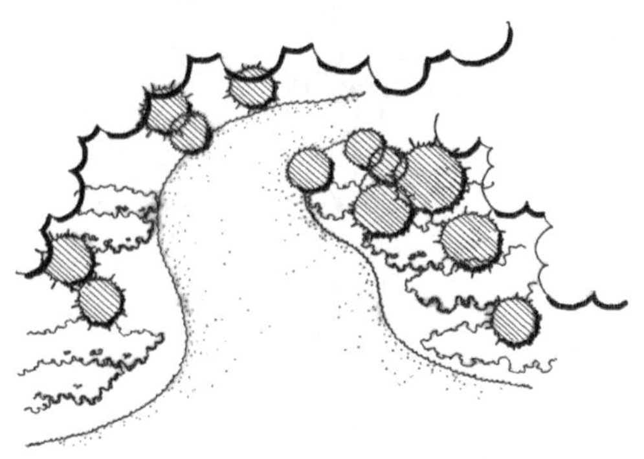

图 2-53　寒带植物景观平面布置

图 2-54　寒带植物景观透视效果

注：寒带植物群落的配置方式以各种形态的尖塔形针叶树及低矮的花灌木来组成群落，同样可以营造层次丰富的植物景观且具有北方独特的冬季季相特征。

四、植物配置的地方特色

由于不同地区自然条件、历史文脉、地域文化等具有差异性，地区规模及社会经济的发展水平也不一样，因此植物配置也应因地制宜，实事求是，充分结合当地的自然资源、人文资源并融合地方文化特色。只有把握历史文脉，体现地域文化特色，体现地方风格，才能提高园林绿化的品位。特别是不同的气候带及海拔高度具有明显差异的地区，其植物景观特色的风格就更加鲜明，景观设计在进行植物选择时，应以适应性较强的乡土树种为主，既能保证植物生长良好，又可以更好的体现地方特色，如图 2-55、图 2-56 所示。

图 2-55　亚热带植物景观平面布置

五、合理选择园林树种的标准

一个地区的植物种类越多，越能构成丰富多彩的园林景观。园林植物的科学应用对于发展生物多样性，建立稳定的群落结构，形成地方特色和风格都有着重要的作用。在园林绿化实践中，应该根据不同地区的特点建立不同的植物

图 2-56　亚热带植物景观透视效果

注：选择几种不同形态的乡土性植物搭配在一起，形成了一处别致的植物景观，且具有显著的亚热带景观特色。

选择标准，以不断扩大植物应用的种类。但是由于地域、气候、科技、经济等自然因素及人为因素的制约，不同地区植物种类的利用也受到不同的限制。因此，景观设计师在进行植物选择时，一定要遵循以下基本原则。

（一）根据当地的生态环境条件选择植物

以园林植物的生态适应性作为种植规划的重要依据，充分认识地区生态环境条件的特点，以体现现代景观风貌为目的，遵循本地区域植被的自然规律，强调地带性植物的应用。具体选择时应根据不同园林植物生存、生长状况，做到因地制宜、适地适树，在满足园林植物生态性要求的基础上，来体现不同地区植被的风格，发挥生态及景观功能。

（二）实行乡土树种和引入外来树种相结合

园林植物的选择，应该遵循物种多样性与生物遗传多样性的原则，应用多种植物种类。在以地带性乡土树种为主的前提下，重视应用已经引种成功的新优园林植物，同时利用小气候条件好的局部环境，扩大稀有的应用效果较好的边缘园林植物品种的应用。

（三）基调树种、骨干植物和一般植物相结合

基调树种是构成园林绿化景观的主要树种，多为生态适应性优秀的乡土植物；骨干植物

为适应性强、少病虫、栽培管理简便、易于移栽、应用效果良好的常见植物；一般植物是指需要特定环境条件或养护管理，在应用中适当搭配选择的植物。种植设计时在提倡应用种类多样的植物的基础上，要推敲三者的合适比例关系来进行配置，才能够保持多种绿化功能效益正常、持续的发挥。

（四）植物的功能性和观赏性相结合

选用抗病虫害、耐瘠薄等抗逆性强、适应性强的植物，无疑会增强城市的绿化效益，但是抗逆性强的树种，不一定在树势、姿态、叶色、花期等方面都很理想。因此，选择城市绿化树种要在保证抗逆性的同时，优先选择树干通直、树姿端庄、树体优美、枝繁叶茂或冠大荫浓、花艳芳香的树种进行合理配置。只有这样，才能形成千姿百态、五彩缤纷的可持续的绿化效果。

（五）实行乔、灌、藤、草的复层结合及常绿和落叶的合理搭配

在园林植物的选择中，应该实行乔木、灌木、藤本、宿根花卉、草坪及地被相结合，因地制宜地科学配置。力求以上层大乔木、中层小乔木和灌木、下层藤本和地被植物的形式，扩大绿地的复层结构比例，如图 2-57 所示。为了创造多彩的园林景观，适量地选择常绿植物非常必要，尤其是对于北方冬季景观的作用更为突出。

图 2-57　复层植物配置立面效果

注：应用了大乔木、小乔木、灌木及地被植物的综合配置，常绿树的应用更是增加了冬季的景观效果，从而使层次丰富，景观效果及生态效益良好。

（六）实行速生树种和长寿树种相结合

植物配置选择速生树种会在短期内形成良好的绿化效果，但这些树种往往在 20～30 年后便会衰老，景观持续性较差；慢生树种早期生长缓慢，初期绿化效果不理想，但是进入成熟期之后却能够保证持久的景观效果。因此在植物选择时，要注意速生与慢生树种相结合，重视不同树种的合理比重，才有利于初期的良好景观效果和群落整体结构的长期相对稳定，如图 2-58、图 2-59 所示。

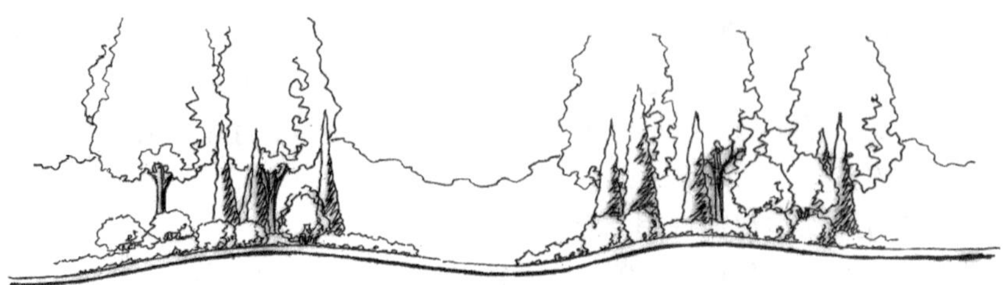

图 2-58　植物配置初期立面效果

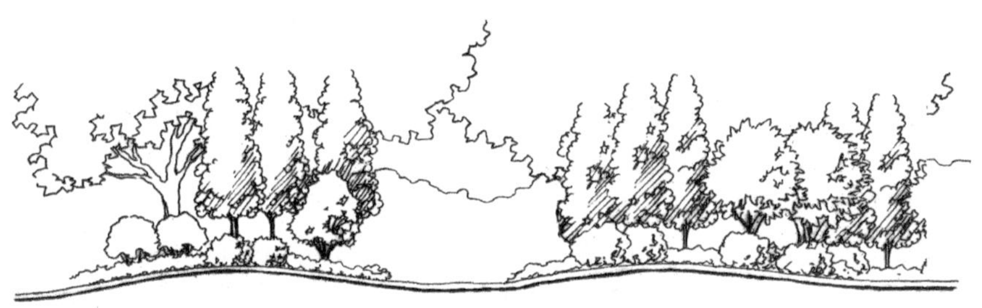

图 2-59　植物配置后期立面效果

注：这是速生树与慢生树的景观搭配效果。在栽植初期，景观效果以速生树为主，常绿的慢生树种是绿化的中间层次。而经过一段时期的生长之后，速生树就慢慢衰老而常绿的慢生树种就逐渐成为新的植物群落主体，从而形成新的景观效果。

第七节　不同地区园林植物的配置要点

由于地理环境及气候差异等原因，不同地区的植物固有的生态习性不同，其干、叶、花、果等形态也不一样。特别是南方树种与北方树种在形态上的差异更加明显，因此其形成的景观风格也不同。即使是同一树种，在不同的地区其形态也会有所差异，这样就造成了丰富多彩、各具地域特色的植物景观风格。例如，我国北方常绿阔叶树较少而以针叶树居多，自然景观中常见漫山遍野郁郁葱葱、雄伟挺拔的针叶林景观，在南方就比较少见；而南方高大挺拔，气势雄伟的毛竹林，在北方则难以见到。

植物配置首先要注意利用原产于当地或经过长期（通常是数十年或上百年的时间）驯化证明的适合当地的气候条件，适应性且抗性强的树种。以地带性树种为主，与外来树种相结合，做到宜树则树，宜花则花，宜草则草，从多个方面展示地方风貌，显现文化底蕴。在选择绿化树种时，种苗本地化是相当关键的一点。本地培育的苗木出圃时已经有了一定的抗性，移植后不仅能较快地恢复生长，而且对当地的各种病虫害具有较强的抗性。

除了自然因素以外，各地群众的习俗与爱好，在创造具有地方风格的植物景观时，也是不可忽视的。例如，江南农村（尤其是浙北一带）几乎家家户户的宅旁都有一丛丛的竹林，

形成一种自然朴实而优雅宁静的地方风格；在北方黄河流域以南的河南洛阳、兰考等市县，则可看到成片的高大泡桐，或环绕于村落或列植于道边，或丛植于园林绿地，显示出一种硕大、朴实而稍带粗犷的乡野情趣。

自然因素以及其他社会因素的综合作用，是创造各地区不同植物景观风格的前提。植物配置时，要充分考虑不同地区植物景观的地方风格，以满足植物景观的地域性要求。应重视科学性与艺术性的高度统一，满足一定的要求与原则，通过合理的规划使植物与环境相协调，呈现出最佳的观赏效果。中国的气候带以寒带、温带、亚热带和热带为主，总结这些气候带地区的植物配置要领，对于实际的设计具有重要的意义。

一、寒带和温带地区植物配置

我国北方大部地区受温带和寒带气候控制。这些地区冬季寒冷，夏季炎热，春季干燥风大，秋季降温快、霜冻早，降水集中在7～8月份，这些不利因素使适合北方地区的植物比南方的要少，绿化、美化受到了一定的限制。因此在植物配置中，会出现色彩单调，种类单一的局面，这对北方地区园林景观的营造非常不利。但北方地区的植物景观有其特别的风格，再通过科学的植物配置和养护管理，可大大延长景观的观赏期。温带及寒带植物配置要特别注意以下几点：

（一）强调北方景观特色

北方特定的气候条件和地理环境，虽然限制了植物种类的数量，但是也形成了极具特色的北国风光，例如寒带地区的大片白桦林景观、落叶松景观或常绿针叶林景观，温带常见的杨树林景观，都是典型的北方植物景观的代表。植物配置时选择地带性植物，做到因地制宜、适地适树，不仅满足了植物对生态适应性的要求，也强调了典型的北方植物景观。

（二）延长观花期

在寒带及温带地区，虽然无法做到四季鲜花盛开，但通过科学的植物配置，将不同花期的植物配置在一起，就可最大程度的延长观花期。例如应用早春开花的宿根花卉如金盏花、山芍药、大花杓兰、白头翁、耧斗菜等，可以将群落的整体花期提前到早春3～4月份；将连翘、金银忍冬、黄刺玫、榆叶梅、绣线菊、大花圆锥绣球等混栽或分块布置于同一个环境中，可以使整体的观赏期延续几个月时间。

（三）多应用观果和彩叶树种增强色彩效果

为了弥补寒冷地区环境花色的不足，植物配置时应注意使用不同色彩的植物，尤其是观果树种和彩叶树种，并注意它们之间的合理搭配。例如在秋季，五角枫、黄栌的红叶与白桦的黄叶以及云杉的浓绿可以产生强烈的对比；而在寒冷的冬季，白雪衬托下，红瑞木、金枝梾木的红、黄色枝条及鸡树条荚蒾的红色果实格外鲜艳夺目。这些色彩的变化与对比，为北方地区城市的秋、冬季节增添了无穷的生机与魅力。

（四）使用整型植物让景观配置富于变化

在城市绿化中，经常将整型植物材料应用于景观设计中，这种配置方式在相对缺少植物材料的寒冷地带城市显得尤为重要，可以弥补植物材料短缺的相对不足，使景观配置更富于变化。这类树种要求树形整齐，能够单独表现其观赏特性且枝叶稠密、轮廓分明、耐修剪、再生能力强，如大叶黄杨、金叶女贞、水腊等，可以修剪成绿篱或树球，具有较好的观赏价值。

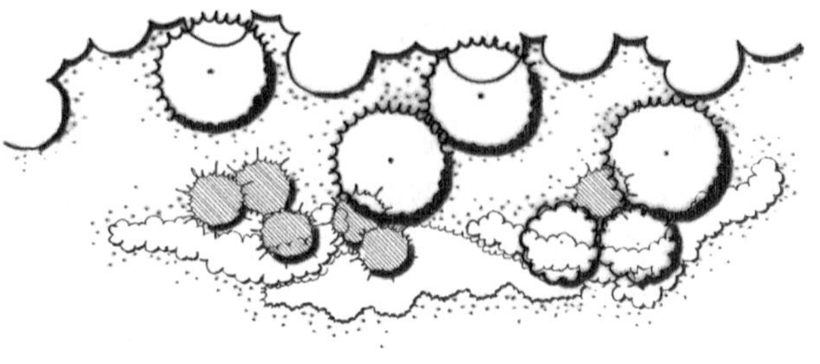

图 2-60　寒带植物群落平面布置及透视效果

注：以落叶阔叶树及落叶松为背景，以常绿针叶树和落叶小乔木形成绿化的中间层次，以低矮的花灌木形成群落的前景。

经过长期的应用实践，北方寒、温带地区形成了稳定的、具有良好观赏效果的植物群落，如图 2-60 ~ 图 2-62 所示。总结出该类地区常用的植物群落，对于指导实际的植物配置具有重要的意义。

适于寒带和温带地区的人工植物群落如：油松（或圆柏、云杉、雪松等）+ 臭椿（或国槐、白玉兰、绦柳、白蜡、栾树等）——大叶黄杨 + 碧桃 + 金银木（或紫丁香、紫薇、接骨木等）——矮紫杉 + 丰花月季（或连翘、玫瑰等）——鸢尾或麦冬；华山松（或白皮松、云杉、粗榧、洒金柏等）+ 银杏（栾树、黄栌、杜仲、核桃等）——早园竹 + 金银木（珍珠梅、平枝栒子、构骨、黄刺玫等）——萱草 + 冷季型草坪、侧柏（或桧柏、云杉等）+ 毛泡桐（或银杏、构树、臭椿、毛白杨等）——金银木（或天目琼花、矮紫杉、珍珠梅等）——丰花月季 + 平枝栒子——冷季型草坪。

二、热带和亚热带地区植物配置

热带和亚热带地区植物种类繁多，较寒、温带地区有更多的植物群落可以应用，例如多种常绿阔叶树、棕榈科植物和观花植物。棕榈科植物最能体现热带和亚热带景观，赋予该地区以丰富的植物景观意象，在种植设计中得到了广泛的应用。常见于微地形草坪、水边、园路两旁不规则配置，广场、交叉路口等处作主景配置，桥头或建筑小品前作为组景等。热带、亚热带地区园林植物配置，首先应选择应用具有地方特色的绿化树种，除了从植物本身的外部形态如花色、花香、花期、抗性上考虑外，还要以当地顶级植物群落为借鉴

图 2-61　寒带植物群落透视效果

注：落叶乔木和常绿针叶树形成绿化的骨架，各种规格的修剪式整形植物丰富了植物景观的效果。

图 2-62　温带植物群落透视效果

注：温带地区相对寒带具有更多的植物种类，植物景观从总体层次和单体姿态上更加富于变化。

模式，构建植物的各级层次，如图 2-63、2-64 所示。热带、亚热带地区常年风力较大且常受到台风影响，在选择和培植具有地区特色的绿化树种时，必须优先考虑抗风性好的树种，如图 2-65 所示。

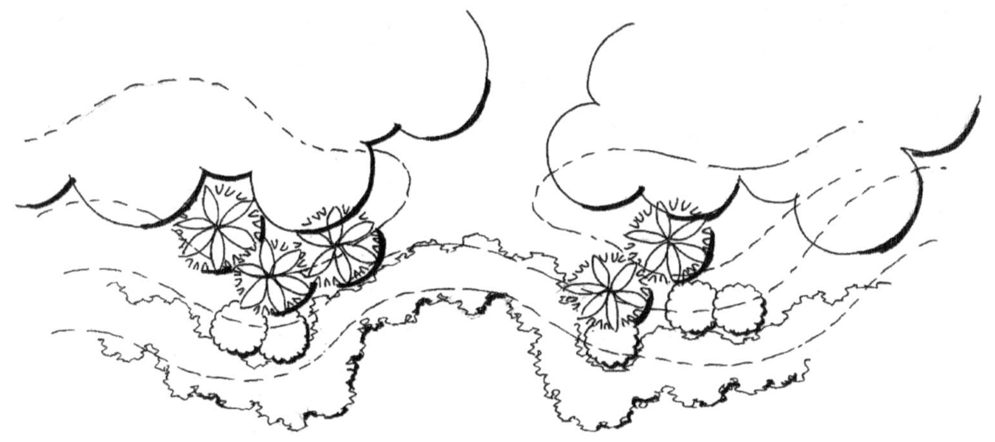

图 2-63　热带、亚热带植物群落平面布置

图 2-64　热带亚热带植物群落透视效果

注：以常绿或落叶大乔木为背景，中层植物为棕榈类植物，前景则选用美丽的花灌木。

图 2-65　海边植物配置透视效果

注：热带、亚热带海边地区相对于内陆，植物景观动态十足，具有典型的滨海特征，选择植物更要注重其抗风的要求。

热带地区植物配置的基本原则虽与亚热带地区基本一致，但仍有其突出的特色，特别是在热带雨林之中，由于特殊的环境条件，常见以下几种典型的热带植物景观，可以在种植设计中加以运用以突出热带植物景观的特色。

板根现象是热带植物景观的一个重要类型，像高山榕、大叶榕、小叶榕、大果榕、垂叶榕、木棉等植物都可以形成这种景观特色；热带植物景观的另一个典型特色是附生景观，在榕树、油棕等大树干上或树冠枝杈上，附生如肾蕨、巢蕨等以及兰科、凤梨科植物。在石头上形成附生景观的植物有管苞瓶蕨、漏斗瓶蕨、毛叶蕨等；在园林中常常可以发现独木成林的现象，像榕树气生根生命力非常强大，可以从树上伸入土壤中，变成许多伪树干，外观上看像是一片树林，如图 2-66 所示。榕属植物和某些五加科植物的种子，由动物传播到其他树木上，幼苗生出气生根形成网状的新树干，逐渐争夺空间和阳光，使供它作生长基质的寄主树林窒息，最后也会产生伪树干，产生绞杀现象。此外常见光滑的树干上，开出鲜艳的花朵并结出玲珑的果实，这就是热带雨林特有的茎生花或干生果现象，多见于桑科的木菠萝、聚果榕、炮弹树、番木瓜等。

图 2-66　榕树独木成林透视效果

注：中缅边境的云南省西双版纳傣族自治州勐海县打洛镇被当地群众称为“榕树王”的榕树，共有 32 个根立于地面，树高 70 多米，呈现“独木成林”的奇观。据考证，这株大榕树已有近 1000 年的树龄，至今依然枝叶茂盛，令人叹为观止。

热带、亚热带植物种类不胜枚举，其植物群落配置实例也是非常丰富。以下是几种常见的实用观赏植物群落配置实例。

香樟（榔榆+乌桕+栾树+枫香）——棕榈+石楠（枸骨+海桐+南酸枣+女贞+溲疏+小紫藤+南天竹+蚊母）——二月兰（白花三叶草+吉祥草+狗牙根）

银杏（英桐+枫树）——石楠+胡颓子（蜡梅）——麦冬

雪松+广玉兰——紫薇+紫荆+黄馨——鸢尾+红花酢浆草+其他地被

马尾松（小叶栎+枫香）——化香+香檀+白栎+槠栎+草、蕨类

青岗栎+麻栎+栓皮栎——石楠+槠栎+草本

凤凰木+白兰——黄槐+紫花羊蹄甲——夜合+茶梅+展毛野牡丹+金玲花+凤凰杜鹃+九里香——韭兰+黄花石蒜+紫三七——华南忍冬

木棉+木莲——大花紫薇+红花羊蹄甲+鱼尾葵——含笑+鹰爪花+桃金娘+野牡丹+金丝桃+锦绣杜鹃+八仙花——葱兰+蜘蛛兰——白花油麻藤

重阳木（秋枫）+深山含笑——大鱼木+阳桃——大映山红+黄蝉+狭叶水栀子+白英丹+红纸扇+金脉爵床——大红豆蔻+砂仁+大叶油草——使君子+龟背竹

高山蒲葵+蒲葵——刺轴棕+穗花轴棕——地毯草——省藤属种类

鱼尾葵+短穗鱼尾葵+董棕——矮琼棕+琼棕+单穗鱼尾葵——地毯草

老人葵+皇后葵——散尾葵+软叶刺葵——细棕竹+龙棕

第三章

建筑与园林植物的景观配置

建筑是建筑物与构筑物的总称。建筑物是为了满足社会的需要、利用所掌握的物质技术手段，在科学规律与美学法则的支配下，通过对空间的限定、组织而创造的人为的社会生活环境。构筑物是指人们一般不直接在内进行生产和生活的建筑，如桥梁、城墙、堤坝等。建筑作为环境中的一个重要元素，与环境有着密切的关系，这里的环境包括自然环境、民族环境与历史环境等。植物在自然环境中占有主导地位，因此植物配置对于建筑与环境的融合具有不可替代的作用。植物与建筑的配置追求自然美与人工美的结合，使二者的关系达到和谐一致。一方面，建筑可以作为植物配置的背景，衬托植物优美的姿态，并且能为植物生长创造更加适宜的小气候条件；另一方面，大部分植物的枝叶呈现柔和的曲线，不同植物的质地、色彩在视觉感受上有着不同区别，其丰富的色彩、优美的姿态及风韵都能增添建筑的美感，使之产生出一种生动活泼而具有季节变化的感染力，使建筑与周围的环境更为协调。近年来，随着人们对居住、办公建筑等环境要求的提升，提高各种类型建筑周边的绿化景观水平，甚至将自然美引入室内，对于提高人居环境水平具有非常重要的意义。

第一节　植物配置在建筑环境中的意义

建筑环境，是指广义的人造景观及其环境，既包括建筑、构筑物环境，也包括建筑周围的假山、置石及小品、铺装等景观元素。这种环境下的种植设计既要考虑景观上软、硬两种元素的协调，又要考虑每一种元素功能的发挥。

建筑仅仅是环境的一部分，建筑美从整体上说是服从于周围环境的，从这个意义上讲，建筑美与自然美的融合是中西方设计师共同追求的目标。建筑与植物所构成的自然环境的紧密结合，是现代生态建筑的基本特征，也是区别于其他建筑的一个重要标志。通过源于自然、高于自然的植物配置与艺术意境的创造，能够达到建筑与自然之间互相穿插、交融布局的效果，使得建筑与环境有机协调，如图3-1所示。建筑环境的植物配置主要有以下几个方面的意义：

图3-1　建筑与植物配置透视效果

注：建筑坐落于风景秀丽的群山之间，因此种植设计结合地形的营造，形成了层次丰富的绿化群落与周边的山林相呼应，从而使建筑能够真正的融入自然。

（一）突出建筑主题

中国古典园林中许多景点是以植物命名，而以建筑为标志，从而使植物与建筑情景交融。例如，苏州拙政园中的荷风四面亭位于三岔路口，三面环水，一面邻山。植物配置以较高大的乔木如垂柳、榔榆等形成绿化基调，灌木则以迎春为主，四周种植荷花。每当仲夏季节，柳荫匝地，荷风拂面，清香四溢，体现了“荷风四面”的意境，进而升华出“出污泥而不染，濯清涟而不妖”的高尚情怀，表达了园主人不同流合污的理想和追求，对园林寄托了深厚的感情，如图3-2所示。

（二）协调建筑与环境的关系

植物是协调自然空间与建筑空间最灵活、最生动的手段。在建筑空间与自然空间中科学配置观赏性较好的花草树木，通过基础栽植、墙角种植、墙壁绿化等具体方式，以植物独特的形态和质感来柔化生硬的建筑形体，能使建筑物突出的体量与生硬轮廓软化在绿树环绕的自然环境之中，如图3-3所示。对于不同类型的建筑，应用的主要植物种类也不一样。一般体型较大、立面庄严、视线开阔的建筑物附近，可以选择质地较粗、形体高大、树冠开展的树种；在玲珑精致的建筑物四周，则适宜选栽一些姿态轻盈、枝叶小巧致密的树种。另外植物的枝叶可以形成风景的框架，将建筑景观框于画中，如图3-4所示。

（三）丰富建筑物的艺术构图

建筑物的线条一般都比较生硬，颜色相对单调，而植物的枝条柔和曲折，色彩也以能调和建筑物各种色彩的中间色——绿色为主，因此植物的美丽色彩及柔和多变的线条一方面可遮挡或缓和建筑的不足之处，另一方面如果配置得当，还可以更好地丰富建筑的轮廓，与建筑物取得动态均衡的景观效果，如图3-5所示。中国古典园林中，以植物来丰富建筑构图的例子屡见不鲜，例如在江南园林中常见园洞门旁种植竹丛或梅花，树枝微倾向洞门，以直线条划破圆线条形成对比，增添了园门的美而且起到均衡的效果，如图3-6所示。

（四）赋予建筑以时间和空间的季候感

建筑物是形态固定不变的实体，植物则是最具变化的景观要素，各种园林植物因时令的

图3-2 荷风四面亭植物配置透视效果

注：景亭以大量的荷花造景，完美的阐明了建筑的主题，亭周围则应用柳树等水边植物造景，也很好的突出了水际绿化的特色。

变化而生长变化，使景观呈现出生机盎然、变化丰富的意象，使建筑环境产生春、夏、秋、冬的季相变化。不同风格的建筑、不同色彩和质地的墙面能够反衬植物的苍、翠、青、碧诸般绿色以及其中点缀的姹紫嫣红，利用植物的季相变化特点，把不同花期的植物搭配种植于建筑周围，使同一地点的特定时期产生特有的景观，给人不同的感受，使固定不变的建筑具有生动活泼、变化多样的季相感，如图3-7所示。

（五）丰富建筑空间层次，增加景深

由植物的干、枝、叶交织成的网络，稠密到一定程度便可形成一种界面，利用它可以起到限定空间的作用。这种稀疏屏障的界面与由园林建筑墙垣所形成的界面相比，虽然不甚明确，但与建筑的屏障相互配合，枝繁叶茂的林木可以补偿建筑空间感不强的缺陷，必然能形成有围又有透的建筑庭院空间。例如，建筑围合的空间面积过大，高度又有限，就可能出现空间感不强的缺点，在建筑物前适宜种植一些乔木或乔木结合灌木及其他小品造景，可以在景观建筑之上再形成一段较稀疏的界面，从而加强空间的围合感并丰富建筑前的景观环境。另外，透过园林植物所形成的枝叶扶疏的网络去看某一景物时，其作用也是一样的，虽然实际距离不变，但感觉上更显深远，如图3-8、图3-9所示。

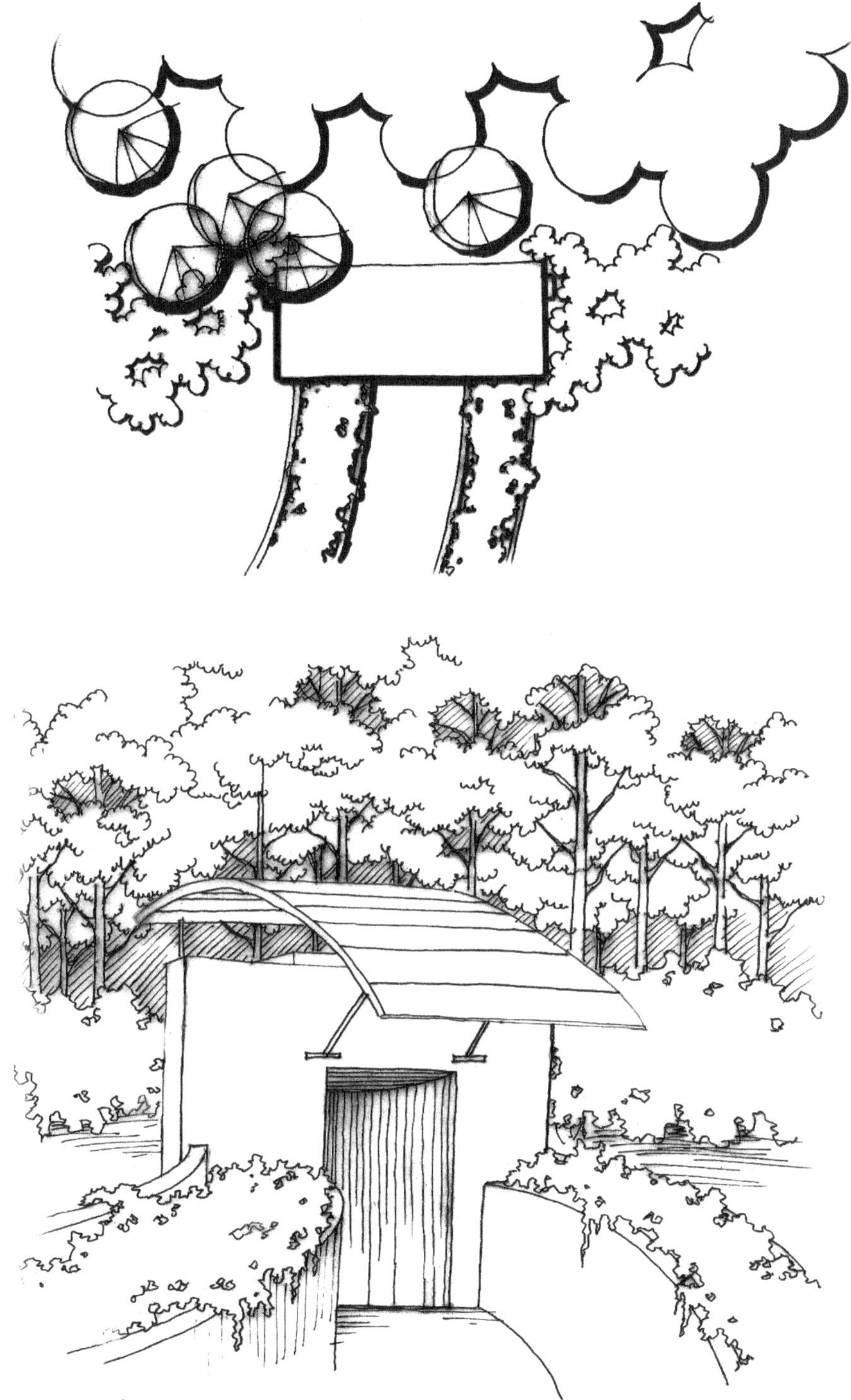

图 3-3　植物配置平面布置与透视效果

注：地下停车场的入口处理，以密植乔木形成的背景突出建筑构架的轻盈感，以攀援植物来绿化花岗岩建造的挡土墙，使简单的建筑入口变得具有园林化的趣味，让人不得不佩服设计师的独具匠心。

图 3-4　植物配置透视效果

注：乔木的枝叶形成美丽自然的画框，将宏伟的城市景观框入画中。

图 3-5　植物与建筑配置透视效果

注：鸡蛋花与建筑完美地搭配在一起，鸡蛋花枝干的潇洒姿态成为观赏的主景，使建筑极富生气。

图 3-6　**植物与园洞门的配置透视效果**

图 3-7　**植物与建筑配置透视效果**

注：应用多种植物材料与建筑搭配，能够丰富建筑的景观效果，产生四季的季相变化。同时常绿的乔木给喷泉形成良好的背景，从而突出了水景效果，植物与台阶及景石的搭配效果也自然而协调。

图 3-8　植物配置平面布置及透视效果（一）

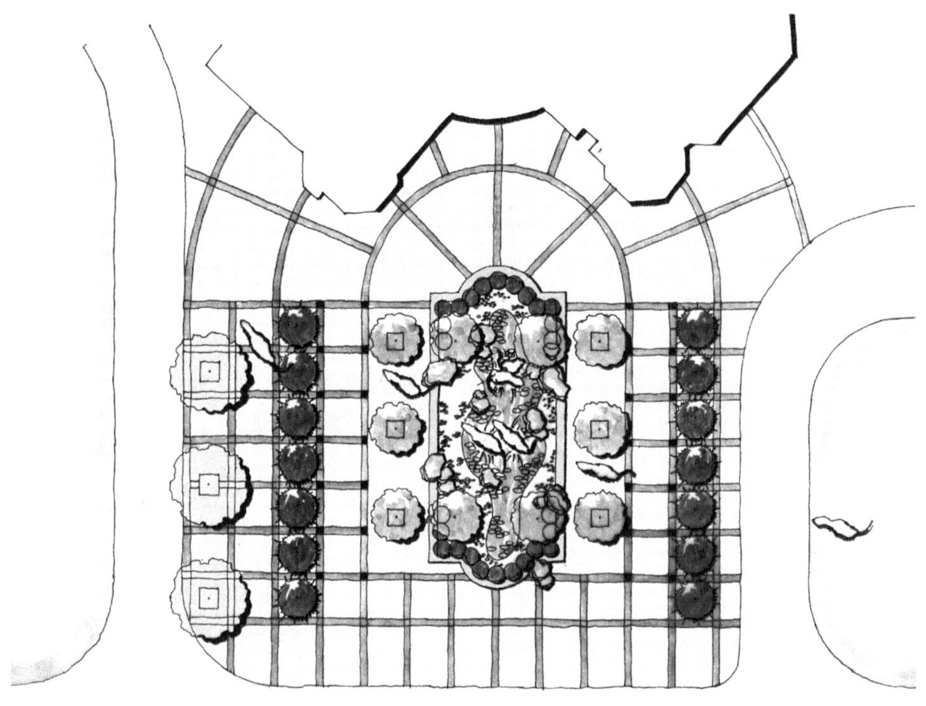

图 3-9　植物配置平面布置及透视效果（二）

注：同一建筑入口前不同的景观设计方式，使大尺度的广场空间更加人性化，增加了建筑的景深，丰富了建筑前的空间层次。乔木的栽植方式是一致的，而灌木及配景小品则根据设计形式的不同而不同，从而使得两种景观效果迥然不同。

（六）使建筑环境具有意境和生命力

在建筑环境中，充满诗情画意的植物配置，能够体现出植物与建筑的巧妙结合。在不同区域栽种不同的植物或突出某种植物，能够形成区域景观的特征，增加建筑景观的独特的意境和生命力，避免环境的平淡、雷同。各种类型的建筑通过适宜的植物配置，都可以体现出其独特的意境。这也在中国古典园林建筑中得到了较多的应用，如很多景观亭都是以风吹过松林发出的涛声为主题，创造出“万壑风生成夜响，千山月照挂秋荫”的意境。这种对建筑环境意境的追求，反映了人们对田园生活及自然美景的原始的向往，如图3-10所示。由此可见，建筑周边园林植物的合理配置，在构思立意，意境营造上起着举足轻重的作用。

图3-10　植物配置透视效果

注：山间的田舍虽然简陋，但周边优美的植物景观却赋予其田园化的美感，与溪流、花甸、篱笆、远山等一起营造出世外桃源的意境，这也是现代建筑环境所追求意境的源泉。

第二节　古典园林建筑与植物配置

古代园林建筑以其独具匠心的艺术构思、精湛的工程技术手段、富于哲理的审美思想展现在世人面前，其丰富的外在表现形式对园林整体美观性具有不可忽视的作用。在中国古典园林中，多通过模仿原始状态下山川河泽的自然美，使园林建筑融合于周围环境之中。这种和谐环境气氛的创造，在很大程度上依赖于园林建筑周围的植物配置。植物配置注重与建筑环境、景致相和谐，做到因势、随形、相嵌、得体，创造出千姿百态的园林建筑景观，从而达到“虽由人作，宛自天开”的艺术境界。

一、古典园林建筑植物配置概述

中国古典园林植物配置的历史非常悠久，早在殷代末期，随着狩猎、畜牧、农耕的发展，人们开始在居室周围筑墙围护，并种植梅、桃、木瓜、桑、栗等植物。随着封建社会等级制度以及文学艺术的发展，植物在建筑周围的栽植开始具有了某种意义。唐代武少仪在《移丹河记》中曾记载：“（高平县）在唐贞元十年，屯留令平原明济，假领高平建水神祠，列树建亭”，这时建筑周边绿化的有序栽植，代表的是一种“等级”和“秩序”。到了清代，这种趋势在园林建筑周围更为明显，例如在北京颐和园仁寿殿外围墙内侧栽植松树代表皇权，外侧栽植柏树则代表文武百官。而在一些私家园林中，植物又被赋予了其他象征意义，文人雅士借此抒发情怀，因此植物配置也被从上到下地重视起来。

古典式建筑斗拱梭柱、飞檐起翘，具有或庄严雄伟、舒展大方，或小巧玲珑、造型别致的特色。它不只以形体美为游人所欣赏，还与山水林木相配合，共同形成古典园林风格。园林建筑常采用小体量分散布景的方式，既是景观，又可以用来观景，除去使用功能之外，还有美学方面的要求。

植物作为自然界中的一分子，能够更好地体现“人与天调，天人共荣”的原则，因此在传统古典园林中更是不可或缺。古典园林中建筑无论多寡，也不论其性质功能如何，都力求

图3-11　古典植物与建筑配置景观透视效果

注：古典建筑与树木、山石有机的组织在一起，使建筑很好的融入了整体环境。

与山、水、花木这三个造园要素有机的组织在一系列风景画面之中，如图 3-11 所示。明代造园家计成在其所著的《园冶》一书中指出："凡园圃立基，定厅堂为主，先乎取景，妙在朝南，倘有乔木数株，仅就中厅一二"，就很好的解析了三者之间的关系。

二、园林建筑中植物配置的布局形式

中国古代建筑空间的创作目的，主要是根据功能需要提供某种明确、实用的观念和情调，适时、适地的去创造各种不同的情感氛围。因此可以说，中国古代建筑首先考虑的是实用功能，这不仅体现在园林古建筑组群的布局之中，还体现在园林古建筑中的植物配置方式上。

（一）规则式布局

很多古代皇家园林以及寺庙园林，其建筑形式多为规则式，用来表达皇权的秩序或神明的威严。其植物配置也多采用规则式的植物配置形式，规则式布局的树木庄重威严，与建筑环境所想要表达的内容极其贴切。园林古建往往在门、山门或大殿前端左右两侧栽植 2 株或 4 株树木，也有树阵式栽植方式，树木株距相等、排列整齐、错落有致。植物的这种整齐、严谨的布局方式，代表的是一种秩序，如图 3-12、图 3-13 所示。在这种功能前提下采用对称式的植物配置形式是必然的，这种植物的对称布局同建筑一起，起着烘托环境情感氛围的作用。

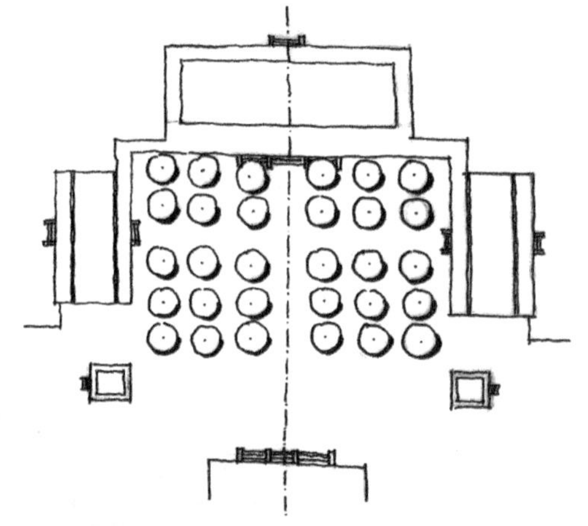
图 3-12　规则式古典植物配置平面布置

在有轴线的庭院中，轴线两边也经常会规则式地对称栽植庭荫树或花木，以便与庭院空间相协调，表达一种秩序或等级化的概念。例如许多古典建筑的前后庭，经常以龙爪槐、银杏、桧柏等对称种植。

（二）自然式布局

在传统的自然山水园之中，植物多呈自然式布局。为了"放怀适情，游心玩思"，人们或利用天然景区加以改造成为悠然的世外桃源，或在城市里创作一个山林幽深、云水泉石的生活境域。他们不仅要在居住环境中体现自然，而且还要在园林里寄情山水。在这种情况下，园林中的植物配置一般是模仿自然界的布局方式，以姿态优美的园林植物进行自然式栽植，创造出清幽、雅致的自然式园林环境，如图 3-14 所示。

三、不同类型园林古建的植物配置

中国古典园林中应用了多种具有浓厚民族风情的建筑物，常见的有殿、阁、楼、厅、堂、馆、轩、斋等形式，它们都可以作为主体建筑布置。另外，园林中其他类型的建筑小品也十分丰富，主要有亭、廊、榭、桥、墙、舫以及花架等，这些园林建筑及小品在进行植物搭配时各有特点。

图 3-13　规则式古典植物配置透视效果

注：承德避暑山庄离宫澹泊敬诚殿前院为规则式的乔木种植，其布局形式与对称形式的古典建筑布局相吻合。应用的树种为松树，同样具有中国古典园林的意境。

图 3-14　自由式古典植物配置透视效果

注：承德离宫万壑松风建筑群前面的种植为自由式，不仅与周围的大环境形成良好的融合，而且建筑“万壑松风”的主题也由此形成。

（一）园亭（塔）

园亭（塔）具有丰富变化的屋顶形象和轻巧、空灵的屋身以及随意布置的特点，常常成为组景的主体和园林艺术构图的中心。作为供游人休息和观景的园林建筑，园亭（塔）的特点是周围开敞，在造型上相对小而集中，常与山、水、绿化结合起来组景；作为园林中“点景”的一种手段，它们多布置于主要的观景点和风景线上；在一些风景游览胜地，它们成为增加自然山水美感的重要点缀。园亭（塔）周围植物配置中经常运用“对景”、“框景”、“借景”等手法，来创造美丽的风景画面，如图3-15～图3-17所示。

图3-15　景亭植物配置透视效果

注：景亭位于庭院的制高点，形成空间的主体和景观的中心。亭子周围的植物为自然式栽植，体现出了中国古典园林中“源于自然、高于自然”的境界。

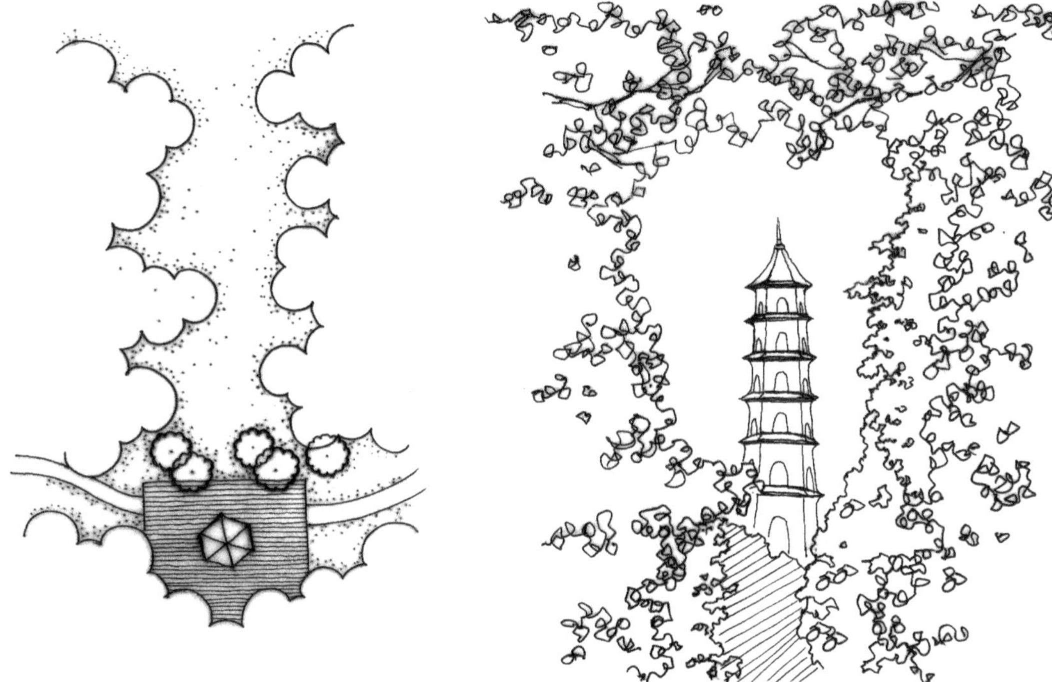

图 3-16　景观塔植物配置平面布置　　图 3-17　景观塔植物配置透视效果

注：茂密的树林留出一条视觉走廊，并以植物的枝叶形成画框的效果，从而将远处的景观塔变成视线的焦点。此景区运用了框景的植物配置手法。

（二）园廊

屋檐下的过道及其延伸成独立有顶的过道称为廊。它不仅是联系室内外的建筑，还常成为建筑之间的通道，是古典园林内游览路线的重要组成部分，其本身也构成了景观的焦点。它既有遮阴蔽雨、休息、交通等功能，又起到组织景观、分隔空间、增加风景层次的作用。在植物配置中多以藤本植物结合一些观赏价值较高的开花植物来增加景观特色，并特别注意在廊的两侧及周围自然的配置多种具有古典韵味的园林植物，使其和谐地融入整体环境之中，如图 3-18 所示。

（三）水榭

水榭是供游人休息、观赏风景的临水园林建筑。其典型形式是在水边架起平台，平台一部分架在岸上，一部分伸入水中，临水部分或围绕低平的栏杆或设座椅供休憩。面水的一侧是主要观景方向，常采用落地门窗，开敞通透。水榭既可在室内观景，也可到平台上游憩眺望。水榭周边的植物配置常以柳树、枫杨等耐水湿乔木结合荷花、睡莲等水生植物的运用，创造一种滨水植物景观，如图 3-19 所示。

图 3-18　古典园廊植物配置透视效果

注：苏州拙政园中小飞虹处的植物配置，廊桥两侧的植物配置使其与环境和谐地融合在一起，水中的睡莲不仅较好的衬托出廊体的别致，还丰富了整体的艺术效果。

图 3-19　古典植物配置透视效果

注：水榭的植物配置一是要注意背景植物的栽植，二是要注意前景植物的配置不能过多遮挡建筑本身，三是注意水中植物的栽植。

（四）园墙

园墙在园林中起划分区域、分隔空间和遮挡作用，精巧的园墙还可装饰园景。在中国古典园林中，按材料和构造可分为乱石墙、白粉墙等。此外，园墙还通常设有洞门、洞窗、漏窗以及砖瓦花格进行装饰。分隔院落多用白粉墙，墙头配以青瓦。用白粉墙衬托山石、花木，犹如在白纸上绘制丹青，能够取得较好的装饰及意境效果。

园墙的植物配置，首先应特别注重墙内外的植物景观的统一性，通过应用相同的植物种类及类似的搭配方式，避免园墙生硬的隔断两侧的景观效果；其次园墙往往本身比较长，因此应尽可能配植密集的植物，使墙体掩映于红花绿树之中，削弱墙体引起的单调的感觉；对于特殊造型的园墙或景墙等，要根据具体的造型进行相应的植物配植，以起到良好的衬托作用，如图3-20所示。

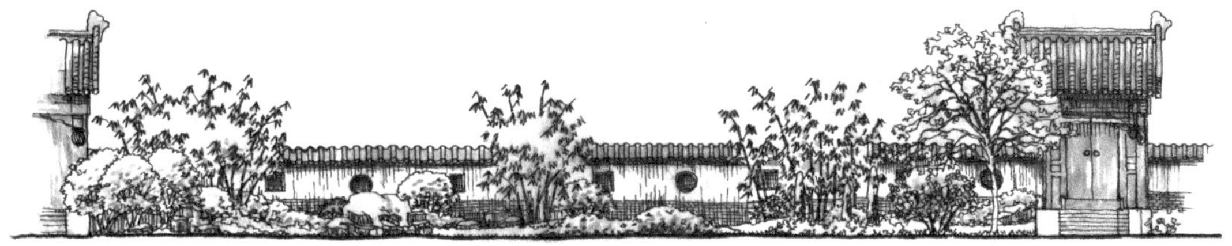

图3-20　古典园墙植物配置平面布置及立面效果

注：古典的园墙的植物配置首先注意选用具有古典风韵的植物如竹子、紫薇、南天竹等，其次配置要注意高低层次和疏密空间的变化。

（五）其他园林小品

古典园林中拥有多种供休息、装饰、照明等的小型建筑小品及现代为满足游人观赏游憩而增加的展示、标志小品等，它们一般体量小巧，造型别致。园林小品既能美化环境，增加园趣，为人们的休息和活动提供方便，又可以使人获得美的感受和良好的教益。植物配置首先应考虑如何使小品与周边环境协调的融合，其次要根据园林小品本身功能的发挥进行针对性的植物配置，如图3-21所示。

图3-21　古典植物配置透视效果

注：古典园林景观中的装饰小品既能起到引导和展示的作用，又充当了湖光美景的画框，而植物配置则注重与小品形体的呼应及周围环境的融合。

第三节　现代建筑与园林植物配置

一、现代建筑的特点

优秀的建筑作品，犹如一曲凝固的音乐，给人带来艺术的享受。空间环境的特定性是建筑不同于其他艺术门类的重要特征。生长环境和民族文化喜好的不同使各地域的自然植物景观呈现出巨大的差异，而建筑与周围自然环境的结合，不仅反映了人与自然的和谐关系，而且造就了丰富多彩的地域景观，如图 3-22 所示。

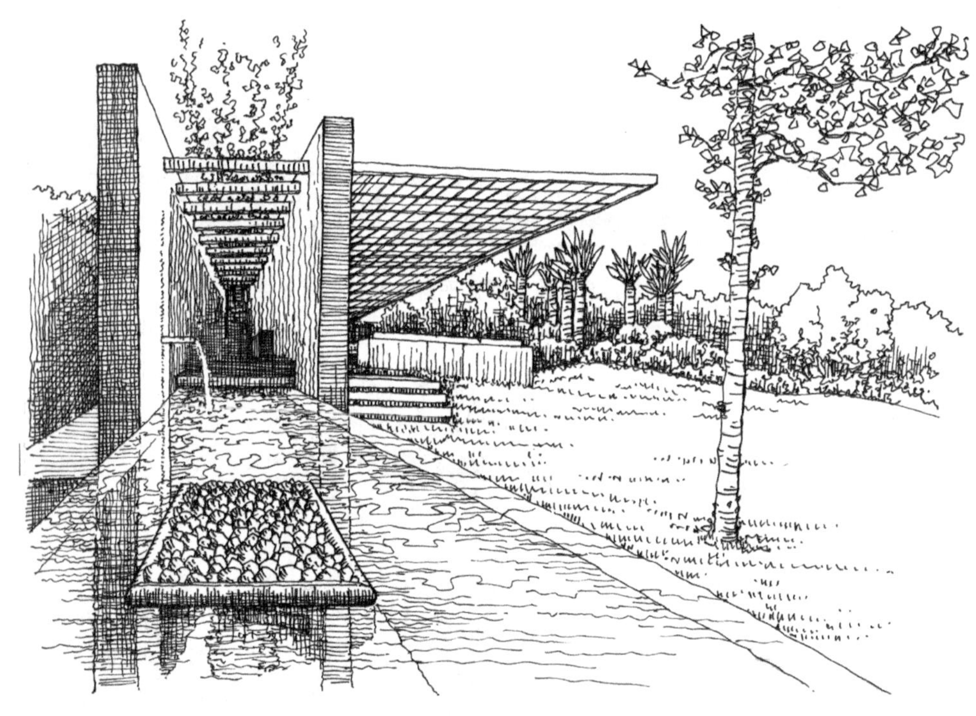

图 3-22　现代建筑植物配置透视效果

注：热带沙漠地区的建筑周围以浓密的树丛形成良好的绿化氛围，以表达沙漠绿洲的意境，开阔的草坪区与之相对比，体现出庭院的开敞感觉，靠近建筑的孤植树既完善了空间的构图，又丰富了景观的层次。

近年来，现代建筑设计的国际化趋势日渐明显，建筑的思想和风格变化多样，在当今的建筑设计中主要考虑其实用性和观赏性，外部造型简洁、明朗、清新、大方，要求满足生产和建筑成本的基本要求，新的工业建筑材料特别是钢筋混凝土、平板玻璃、钢铁构件等在建筑中得到了广泛的应用，建筑强调功能性、理性原则。这些变化和发展，对于相应环境的植物配置提出了新的要求。

二、现代建筑与园林植物配置的协调性

建筑是城市环境的重要组成部分，虽然现代信息共享使人们的生活方式和审美取向日渐趋同，建筑风格的同化现象不可避免，但作为稳定的不可移动的具体形象，终归要借助于周围环境和谐的布局才能获得完美的造型表现。建筑的外部空间环境不仅同建筑形象有关，而且同建筑室外景观密切相关，因此完全可能通过迥异的室内外绿化景观所带来的不同人文视觉景观，来改善建筑的趋同性，并使其成为一幢建筑最不易磨灭的印记，如图3-23所示。

图3-23 现代建筑植物配置平面布置及透视效果

注：植物配置以两丛竹子来美化入口，从而形成框景效果的另一生动场景，使远处的建筑和泳池中建筑的倒影尽入画中。

从建筑与绿化的关系来说，现代建筑大体上可以分为三类：第一类是建筑占绝对的主体地位，如城市中的小高层、高层建筑和摩天大楼等。对于此类建筑，绿化在高度上无法与其匹配，故设计的重点在于绿化和建筑文脉相关性的处理上，如图 3-24 所示。第二类是单层、双层的小型建筑，如园林建筑小品等，这类建筑把绿化看成是其景观或功能的一部分，如图 3-25 所示。在此环境中，绿化与建筑的关系相当密切，设计时可把他们结合起来统一考虑。第三类建筑是处于以上两种情况的中间者，例如多层建筑，是城市中数量最多、处理起来最有难度的一种。在此类建筑环境中，绿化和建筑也密不可分，设计时既要考虑建筑与绿化的整体构成，又要注意建筑各局部的绿化问题。

图 3-24　现代建筑植物配置透视效果

注：上海环球金融中心的高层建筑，种植无法从高度上与之匹配，因此种植设计一是要呼应建筑现代化的设计风格，二是要从整体布局及文化内涵上进行深入的考虑。

现代建筑美从整体上说是服从于周围环境的，而绿色植物的季节性变化特点使其在营造建筑外部空间环境中成为必不可少的要素之一。利用常绿树、落叶树、开花乔灌木、色叶树等随季节变化而变化的季相来表达时序更迭，展示建筑四维空间的景观，对于丰富建筑环境景观有很好的效果。这种季相变化常表现为春季繁花似锦，夏季浓荫蔽日，秋季叶色鲜艳，冬季松柏傲雪。

三、现代建筑中植物配置的方式

植物是最丰富多彩、灵活多变的造景要素，展现出生机勃勃的自然生命景观，与建筑共同表达各种主题的意境。由多种植物配置后的建筑环境具有较好的视觉效果，能够增加建筑的动态美和自然美，而且植物配置群体所产生的生态效应也能带来良好的环境效益。建筑与植物之间应相互借鉴、相互补充，使建筑景观具有画意。如果处理不当，则会导致相反的结

图 3-25　小型建筑植物配置透视效果

注：小型休憩建筑全部采用了木质材料，后面种植了茂密的乔木林，从而使建筑具有森林木屋的感觉，建筑与植物景观完美的融为一体。

果。例如，有的建筑师不考虑周围的景观，一意孤行地将庞大的建筑作品拥塞到小巧的风景区或风景点上，就会导致周围的风景比例严重失调，使景观受到野蛮破坏。现代建筑与植物的配置方式主要有以下几种类型。

1. 自然式配置　建筑环境中植物的自然式配置是通过与植物群落和起伏地形的结合，从形式上来表现自然，立足于将自然生境引入建筑周围。在设计建筑环境时从自然界中选择优美的景观片段加以运用，尽量避免所有不和谐的因素，从而使现代建筑协调的融入自然景观之中，如图 3-26 所示。

2. 规则式配置　很多现代建筑形体规则，庄重，并且由于场地的限制，其周边环境也多以直线形为主。因此，在这种类型的现代建筑中更多应用规则式的植物配置，常见的形式有树阵及规则式修剪绿篱等。这种配置方式能够更好地符合建筑的外部形象、空间布局以及室外环境的使用功能，如图 3-27 所示。

3. 保护型配置　对于自然风景区或者具有历史文脉的建筑周边的植物配置，首先要对建筑及其周围环境中植被状况和自然史进行调查研究，以及对区域植物配置与生态关系进行科

图 3-26　植物与建筑配置透视效果

注：北京“唐宁一号”居住区售楼处应用自然式植物配置，使造型别致的建筑与优美的植物景观和谐统一，形成了现代生态居住区的绿化氛围。

图 3-27　植物与建筑配置透视效果

注：规则式的植物配置方式与规则式建筑相辅相成，等距种植的乔木为建筑室外环境形成了良好的景观框架，突出了建筑的主体地位和中心开阔的水景。

学分析之后，再选择符合当地自然条件并反映当地景观特色的乡土植物，通过合理调配及组合，减少配置不当对自然环境的破坏，以保护现状良好的生态系统。因此，此类型建筑周边环境的植物造景不是想当然地重复流行的形式和材料，而要适当地结合气候、土壤及其他条件，以地带性乡土植物群落展现地方景观为主，如图 3-28 所示。

图 3-28　植物与建筑配置透视效果

注：斯坦福大学胡佛塔周边的植物配置历史悠久，体现出了浓郁的地方特色和文化内涵。

四、现代建筑不同区域的植物配置

1. 门区　门是游览通行的必经之处，门和墙连在一起，起到分隔空间的作用。充分利用门的造型，以门为框，通过植物配置与路、石等进行精致的构图，不但可以入画，而且可以扩大视野，延伸视线。热带地区常在椭圆形的门框一侧配以棕竹等小型灌木，其小巧的姿态和活泼的线条能够打破机械的门框造型，如在门框后另一侧配置粉单竹等与之相呼应，则整体效果更为均衡。封闭式小区大门的一侧或两侧通常设置门卫房，应通过合理的种植使其融入整体的环境之中，如图 3-29 所示。现代的大门往往对门区进行统一的规划，打破过于单调

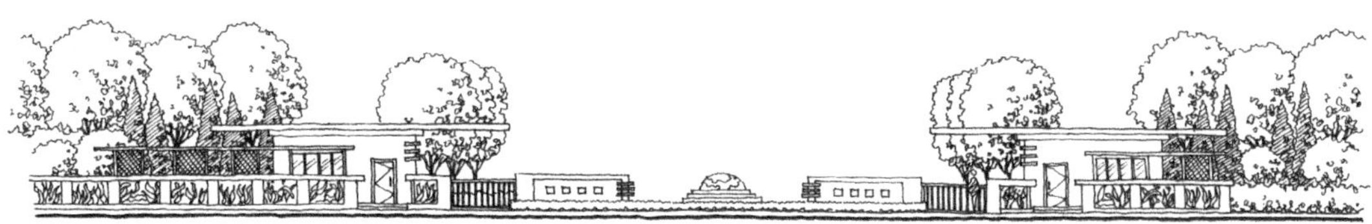

图 3-29　门区植物配置立面效果

注：门区的植物配置将美丽的植物景观与简洁现代的门卫房有机的整合在一起，尤其是高大的乔木将大门及门卫房衬托的更加优雅。

的布局方式，将门区设计成精致的入口广场，通过小品、建筑及植物的协调组合，使入口区成为高品质小区的形象展示节点，如图3-30所示。

图3-30　大门处植物配置透视效果

注：某小区入口设计成休闲式广场的形式，在弧形广场上设置了景观绿岛配置装饰性的修剪色带，使整个入口空间趣味浓厚，水景墙及中心雕塑等统一在绿色的背景之中，入口广场既具备园林化的外观，又展示了小区的高档品质。

2. 建筑入口外部空间　建筑入口外部空间依附于建筑入口而存在，与建筑紧密相连。它是以入口为中心向外部扩展的空间，没有明确的边界。建筑入口外部空间首先作为建筑的基本组成部分，必须符合建筑自身的性质和风格形式，体现建筑的整体感及和谐美，满足建筑自身的物质功能和精神功能的需求。不同的建筑入口外部空间环境会带给人不一样的情感反应与行为反射，人们在这里进出、交往、游憩、娱乐、礼仪活动。它也是城市环境的有机组成部分，是城市外部空间中极其重要的一环，能集中体现城市的个性与风貌。入口的景观设计包含多种要素，其中植物配置具有极为重要的作用。种植设计主要功能是作为视觉及精神审美对象，用于烘托建筑入口外部空间气氛，其次它还具有物质功能特征，可将树木、植物、花草作为构成和完善入口外部空间的特殊手段，如围蔽、遮挡等。大型建筑入口多为规则式，因此植物配置常见的形式也为对称式布局，以突出建筑的宏伟特征，如图3-31所示。而小型建筑及园林建筑入口的形式活泼多样，因此植物配置的形式也是丰富多彩。

3. 窗前区　窗在建筑绿化中常用来形成框景的效果，在室内透过窗框欣赏室外的植物景观，可以形成一幅生动的画面。由于窗框的尺度是固定不变的，植物却在不断生长，随着其体量增大，会破坏原来协调的画面。因此植物配置时要选择生长缓慢且形体变化不大的植物，近旁可搭配景石以增添其稳固感，构成有动有静、相对稳定持久的画面。现代建筑窗景的很多设计理论和灵感同样是来自于中国古典园林或与其有异曲同工之妙，如图3-32、图3-33所示。

图 3-31 建筑入口处植物配置透视效果

注：某办公楼建筑入口为简欧式，气势恢宏，楼前以欧式的喷泉水景形成入口的主题景观，植物配置则以整齐的乔木形成绿化的主体，很好的突出了水景并强调了建筑的入口效果。

图 3-32 窗景植物配置透视效果

注：中国古典园林对于窗景的营造非常注重，其设计的理论对于现代建筑类似场景的设计有很好的借鉴作用。此为苏州留园鹤所窗外的植物结合山石的配置，形成了一幅美丽生动的画面。

图 3-33 窗景植物配置透视效果

注：智利著名建筑师克里斯蒂安.D. 格罗特（Christian De Groote）设计的智利加西亚住宅（Garcia House）的窗景，颇有中国古典园林的风韵。

4. 围墙 围墙的一般功能是承重和分隔空间，由于很多墙体本身并不美观，因此对围墙两侧进行绿化，不仅可以美化单调的墙体，而且可以使墙外远景和墙内近景有机的结合成一个整体，从而扩大空间，丰富园林景色，构成景外有景，远近相衬，层次分明的优美景色，如图 3-34 所示。在园林中，经常利用墙南面小气候良好的特点引种一些美丽但抗寒性稍差的植物，或发展成墙园，使墙面自然气氛倍增。一般的墙园都用藤本植物或经过整形修剪及绑扎的观花、观果灌木或者乔木来美化墙面，辅以各种球根、宿根花卉作为基础栽植，常用的藤本植物有紫藤、木香、蔓性月季、地锦、炮仗花等。另外，建筑中的白粉墙常起到画纸的作用，通过配置观赏植物，以其自然的姿态与色彩作画，常用的植物有红枫、山茶、杜鹃、枸骨、南天竹等；而在黑色的墙面前，宜配置开白花的植物如木绣球等，使硕大饱满的圆球形花序明快地跳跃出来，能起到扩大空间视觉效果的作用。

5. 建筑角隅 建筑的角隅线条生硬，通过植物配置来进行缓和最为有效，可选择多种观果、观叶、观花、观干等种类成丛配置，也可略作地形，竖石栽草，结合种植优美的花灌木组成一景。根据建筑的形式，种植可相应采用规则式或自由式，在选择植物时应充分了解其体量和比例，以及生长速度等，以保证与建筑长期的和谐效果，如图 3-35 所示。

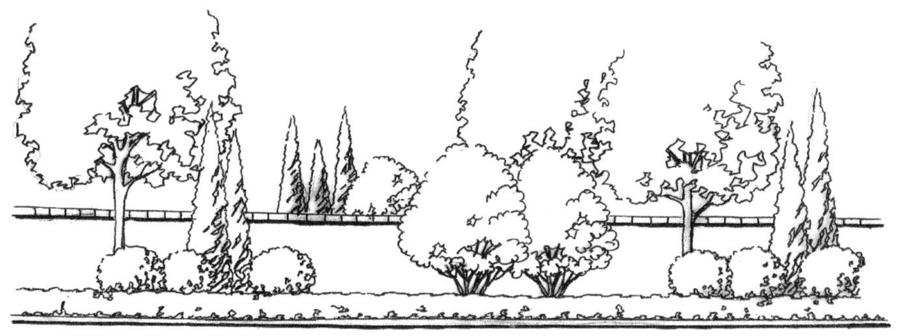

图 3-34　围墙植物配置立面效果

注：选用与围墙内相同或株形相似的植物种类来美化单调的围墙，一方面使长长的围墙变得更加生动，另一方面则将墙内外的景观融为一体，形成隔而不断的视觉感觉。由于混凝土围墙比较单调，应用较多的植物来进行景观的遮挡和美化。

图 3-35　建筑植物配置透视效果

注：建筑本身比较规整，其角隅与地面及环境的结合比较生硬，设计采用成丛的灌木等对其进行美化，能够使建筑与环境的融合更加协调。

第四节　居住区建筑的植物配置

城市居住区是指大多由城市道路或自然边界线所分隔，不为城市道路穿越的完整居住地区。随着城市人口的增加，居住区的人口密度也在相应增大，其建筑形式也更加多种多样，这对居住区的建设特别是绿化建设提出了更高的要求。

一、当前居住区建筑的特点

当前居住区的建筑布局多为混合式，小区中的大多数建筑为行列式布置，少量的为自由式；居住区的周边多为高层建筑，周边高而中间低，形成一个“盆地”结构，小气候明显，这对多数植物的选择是一个有利的因素；现代居民楼外墙体多为彩色涂料或瓷片，封闭阳台及大窗户应用大量的玻璃，改变了周边环境的光照特点，使阳面光照更大，阴面也不再是浓荫，尽管造成了眩光现象，但对喜光树种的生长却有积极作用。

二、现代住宅区绿化环境及设计的现状

现代城市住宅区发展迅猛，住宅建筑的质量不断提高，但是在住宅区的绿化建设上，还存在不少问题。一些住宅区规划设计方案仅仅满足了符合规范或绿化法规条例的要求，但缺乏情趣、有人情味的可持久的绿化空间设计。有些住宅区中绿地景观被围栏包围，远远不能发挥绿化的实用功能。

很多住宅区的植物景观没有特色，识别性不强，导致来访的客人很难快速准确地定位。不少小区绿化都是应用草坪点缀少量乔木的形式，造成住宅区植被和空间布局的趋同性，这显然没有充分考虑居民的实际功能和心理需要。而大面积草坪相对植物群落而言，属于高养护性绿地，往往会增加住宅区居民的经济负担。另外在我国物业管理刚刚起步，小区管理尚不完善，不少住宅区在正式投入使用后，由于疏于管理和维护，使优美的绿化环境不能持久，从而大大降低了住宅区环境的质量，这就要求植物景观在低水平养护条件下依然能够可持续发展。

三、现代城市住宅区建筑环境植物配置原则

随着人们环境保护意识的日益增强和对生活环境要求的不断提高，在选购住房的过程中，越来越多的人开始关注小区的景观环境是否良好、住宅区内及其周边的自然景观和人文景观是否丰富、是否有活力并与生态环境相协调。这种生态化的现代居住观，给小区环境设计提出了更高的要求。由于植物配置对于这种生态化的景观要求具有举足轻重的影响，因此在进行住宅区的种植设计时，更应坚持以科学的理论原则为指导。

1. 绿化配置以植物群落为主　在现代化的住宅区环境中，园林植物是景观的主体，植物群落是绿色空间环境的基础。因此，应以乔木、灌木、草本花卉、藤本植物、地被等进行有机结合，根据它们的种类和习性组成层次丰富、适合该地环境条件的人工园林植物群落，以发挥最佳的生态效益，如图 3-36 所示。

图 3-36　小区植物配置透视效果

注：地形、景观亭、木栈道、景石及水景等元素组织在一起，通过植物群落的和谐搭配，整个区域景观效果十分协调且具有较高的生态效益。

2. 营造舒适的植物景观空间　现代化的住宅区特别注重居民的交流、运动和休息，如何围绕小区绿地这一共享空间，组织有益的户外活动，丰富小区居民生活及密切人际关系，是景观设计中的一项重要内容。因此在规划设计时，就要考虑设置各种类型及规模的集中绿地，结合植物配置形成一些相对独立的空间，并避免过度集中的中心绿地环境因噪声等问题影响居民的正常休憩，以利于小区住户的休息和生活，如图 3-37 所示。

图 3-37　植物配置透视效果

注：通过种植的处理形成了一处开阔的景观空间，周边茂密的种植有效地阻隔了噪声及遮挡了不良的景观，使此处成为情趣盎然的休闲区域，是居民活动的理想场所。

3. 绿化设计的实用性和艺术性　在住宅区植物景观的设计和建设中，要注重实用功效和美学艺术相结合，创造充满情趣的生活空间。因而在植物造景上既要考虑居民的实际使用要求，又要结合人文内涵，体现人的情感与文化品位取向，营造实用性、生态化、艺术化的现代人居环境，如图 3-38 所示。

4. 植物与建筑布局协调一致　公共绿地应根据建筑群不同的组合来布置并进行相应的种植设计，以协调建筑的布局并方便居民使用。如果建筑为行列式布局，住宅的朝向、间距排列较

图 3-38　植物配置透视效果

注：小区下沉式广场通过植物围合成幽静的活动空间，疏密的对比突出了小中见大的效果，花池的设置与广场台阶巧妙结合，简洁的现代廊架在植物的映衬下形成了视觉的焦点，设计充分体现出实用性与艺术性的完美结合。

好，日照通风条件也较好，绿地布局可以结合地形的变化，采用高低错落、前后参差的形式，打破建筑单调呆板的布局；如建筑为周边式布局，则中间会有较大的空间可以建设为该区的中心绿地；如果建筑为高层塔式建筑，周围可采用自然式布局的植物配置。对于不同类型的住宅区，其景观设计的方法也不一样，因此植物景观设计应该与总体的规划设计相一致，如表 3-1 所示。

四、居住区建筑植物配置设计

居住区绿地是人们休息、游憩的重要场所，建筑周边绿地的植物配置构成了居住区绿化景观的主题，能够起到美化环境、满足人们游憩要求的功能。为了创造舒适、优美、卫生的绿化环境，在植物配置上应灵活多变，既要注重整体的布局形式，又要充分考虑树种的科学选择及合理配置，才能达到绿化、净化、美化的效果。

表 3-1　住区环境景观结构布局

住区分类	景观空间密度	景观布局	地形及竖向处理
高层住区	高	采用立体景观和集中景观布局形式。高层住区的景观总体布局可适当图案化，既要满足居民在近处观赏的审美要求，又需注重居民在居室中向下俯瞰时的景观艺术效果	通过多层次的地形塑造来增强绿视率
多层住区	中	采用相对集中、多层次的景观布局形式，保证集中景观空间合理的服务半径，尽可能满足不同年龄结构、不同心理取向的居民的群体景观需求。具体布局手法可根据住区规模及现状条件灵活多样，不拘一格，以营造出有自身特色的景观空间	因地制宜，结合住区规模及现状条件适度地形处理
低层住区	低	采用较分散的景观布局，使住区景观尽可能接近每户居民，景观的散点布局可结合庭园塑造尺度适人的半围合景观	地形塑造的规模不宜过大，以不影响低层住户的景观视野又可满足其私密度要求为宜
综合住区	不确定	宜根据住区总体规划及建筑形式选用合理的布局形式	适度地形处理

（一）点、线、面结合的景观布局

点是指居住区的公共绿地，是为居民提供茶余饭后活动休息的场所。由于它的利用率高，要求位置合理以方便居民前往，植物配置应与平面布置相一致，并突出“乔遮阴、草铺底、花藤灌木巧点缀”的公园式绿化特点，选用多种观赏价值高的草本及木本植物，进行丛植、孤植和棚架式栽植等。线是指居住区的道路、围墙绿化，可栽植冠大荫浓，遮阴效果好的乔木如银杏、臭椿等，结合花灌木或藤本植物如樱花、石楠、爬山虎等进行多层次绿化。面是指建筑周边绿化，包括楼间绿地及居住区周边的隔离绿地等。楼间绿地的植物配置要结合休憩广场等进行相应设计，以满足具体的功能要求。隔离绿地的设计则主要考虑在美观的基础上兼顾防护作用和生态效益，配置以群落式的种植为主。点、线、面的种植设计既要满足各自的绿化要求，又要注意彼此间的融合与协调，如图 3-39 所示。

（二）模拟自然

现代居住区绿化，越来越重视借鉴大自然的植物景观效果，这就要求居住区绿化首先应尽量应用多种类型的植物，以达到景观的丰富性和生态的生物多样性，如表 3-2 所示；其次种植设计时可采用模拟自然的生态群落式配置，使乔木、灌木、藤本、草本植物共生，使喜阳、耐阴、喜湿、耐旱的植物各得其所。

图 3-39　小区植物配置透视效果

注：对居住小区进行点、线、面的绿化，是营造整体和谐环境的根本措施。

表 3-2　居住区常见木本植物种数与其所在区域常见木本植物种数的关系

区　　域	常见木本植物种数	小区应达到的木本植物百分比	小区应达到的木本植物种数
东北地区	60	50%	30
华北地区	80	40%	32
华中、华东地区	120	40%	48
华南地区	160	35%	56

植物配置时应乔、灌、藤、草相结合，常绿与落叶、速生与慢长相结合，适当应用草花等，以构成多层次的复合结构。保持植物群落在空间、时间上的稳定与持久，既能满足生态效益的要求，又能维持长时间的观赏效果，如图 3-40 所示。

（三）统一与变化

居住区植物配置要求在统一基调的基础上，力求树种丰富，组合方式多样，以适合不同绿地的要求，创造丰富多彩的植物景观效果。种植设计可首先选择几种基调树用于道路及集中绿地，在重点地方种植形体优美、季节变化强的植物，在小庭院绿地中可以草坪为基调，适当点缀生长速度慢，树冠遮幅小，观赏价值高的小乔木或灌木。统一与变化相结合，更能显示居住区环境的整体美和局部的特色美，如图 3-41 所示。

图 3-40　小区植物配置透视效果

注：绿地模拟自然群落的景观特点，充分应用乔、灌、草多种植物进行美化，既提高了生态效益，又能使居住区环境舒适而美丽。

图 3-41　小区植物配置透视效果

注：该景观区空间多变，植物高低搭配，层次丰富，开阔的草坪空间与封闭的树丛空间衔接自然，小路与植物的处理也别具韵味，转弯处的一棵雪松暗示了空间的转化同时也形成了一个视觉的焦点。此空间以常绿的雪松和松柏形成基调树，辅以多种观赏植物，充分显示了变化与统一的景观效果。

（四）线形多变，疏密有致

居住区种植设计除要考虑平面及竖向线形的丰富变化，还要注意植物种植的疏密有致并注意进行密集种植以遮挡不雅景观，如图3-42所示。由于居住区内平行的直线条较多，如道路、围墙、建筑等，因此植物配置时，可以利用林缘线的曲折变化及林冠线的起伏变化等手法，使生硬的直线条融进环境的柔和曲线中。为了保证居住区多种活动及景观效果的需要，种植设计应做到疏密有致。如宅旁活动区植物相对稀疏，使人轻松、愉快，能够获得充足的自然光；而在垃圾场、锅炉旁和一些环境死角，则需进行多层次的密植以屏蔽不雅景观。

图3-42　居住区植物配置透视效果

注：曲线形的道路及广场形式打破了建筑直线条的单调，浓密的乔灌木搭配种植遮挡了周边不雅的景观，同时与广场中的特色种植形成了疏密有致的环境效果，使绿化空间变得意趣盎然。

（五）空间处理

除了中心绿地外，居住区的其他大部分绿地都分布在住宅前后，其布局多以行列式为主，形成平行、等大的绿地，狭长空间的感觉非常强烈。因此，可以充分利用植物的不同组合来打破呆板的规则空间使之活泼、和谐，如图3-43所示。

居住区由于建筑密度大，一方面地面绿地相对少，限制了绿化面积的扩大；但另一方面，建筑却创造了更多的再生空间即建筑表面，为绿化开辟了广阔前景。利用居住区外高中低的

图 3-43　植物配置透视效果

注：在规则式的建筑布局空间中创造曲线形的园路和别致的儿童活动场地，种植设计与平面布局相呼应，打破了原有的僵化规划布局，创造出活泼的景观空间。

布局特点，低层建筑可实行屋顶绿化，高层的山墙、围墙可用垂直绿化，阳台可以摆放花木等；小路和活动场所还可用棚架绿化，以提高生态效益和景观质量。

（六）季相变化

居住区是居民生活、憩息的环境，植物配置应有四季的季相变化，使之同居民春、夏、秋、冬的生活规律同步，产生春则繁花似锦，夏则绿荫暗香，秋则霜叶似火，冬则翠绿常延的效果，如图 3-44 所示。

图 3-44　植物配置冬景

注：日本某居住区青翠的植物覆盖着皑皑的白雪，将冬季景观特色发挥得淋漓尽致，使此居住区空间在冬季别具特色。

第五节　标志建筑园林景观的植物配置艺术

一、城市标志性建筑的意义

随着城市建设的快速发展，许多城市都建造了具有一定文化感与历史感的标志性建筑物，并注重强化其周边环境管理及附属配套的建设。标志性建筑不仅意味着形式上的引人瞩目，

也意味着建筑所承载的某种功能得到社会的认可。

由于生态问题是人类目前关注的焦点，建筑的发展趋势一定也表现在对生态的关注上，因此未来的标志性建筑会有更多生态的科技内涵。建筑对生态问题解决的好坏，是建筑能否打动人心的关键要素之一，建筑周围的绿化配置对于建筑的生态性具有非常重要的作用，在将来的标志性建筑环境中将占有越来越突出的地位。

二、标志性建筑的植物配置

标志性建筑物周边的植物配置，要符合建筑物的性质和所要表现的主题，使建筑物与周围环境和谐统一。植物与建筑物配置时要注意体量、空间等比例的协调。要加强建筑物的基础种植，使建筑物与地面之间有一个过渡空间，能起到稳定基础的作用。

标志性建筑要注意自身的轮廓、线条、色彩等要与自然环境主动协调，植物配置则强调与建筑紧密联系但又不能喧宾夺主，或者遮挡其主要观赏点。例如昆明世博园中的标志性建筑，其植物配置就很好地解决了这些问题，如图 3-45 所示。

图 3-45　建筑植物配置透视效果

注：这是昆明世博园中的主要展馆之一，展馆周围的植物配置使建筑完美的融入环境之中，前面道路的植物配置则约束了视线，使之集中到展馆的方向，突出了标志性建筑。

第六节　桥梁景观的植物配置艺术

一、桥梁的类型

桥梁作为一种架空的通道，在城市交通及园林景观中具有重要的连接意义。桥梁的类型多种多样，造型各异。桥梁是实用与艺术的融合体，如平桥的平直、索桥的凌空、浮桥的韵味、拱桥的涵影等，本身就摇曳着艺术的风采。其艺术性主要表现在两方面，即造型风格和装饰工艺，造型风格主要体现在曲线柔和、韵律协调和雄伟壮观上，而装饰工艺则体现在精致的细部构造和节点上。城市中的桥梁一般体形巨大，多为现代建筑材料建成，园林中的桥由于空间限制，多为中、小型桥梁，从材料上来说，主要有木桥，拱桥，石桥等，另外在水中的汀步也可以看作桥的一种形式。研究这些桥梁的植物配置，对于改善城市及园林环境具有重要的意义。

二、桥梁景观植物配置

不同类型的桥梁，其植物配置的方式也不同。例如城市立交桥承担着重要的交通功能，桥体绿化首先要保证良好的安全性和引导性；其次由于立交桥对于城市的整体景观风貌具有重要的作用，因此绿化要特别注意装饰效果，多采用模纹色带的手法，既蕴涵一定的寓意又有较强的装饰性；再者是要注重生态效益，具体措施包括进行群落化种植、桥下强调耐阴植物的栽植、桥体两侧设置种植池，用攀援植物进行桥柱绿化等，如图 3-46 所示。其他大型桥梁多为跨河大桥，绿化通常是在桥梁的两侧配置高大的乔木树种，增加桥体的风韵并使其掩映于两岸的优美环境之中，如图 3-47 所示。

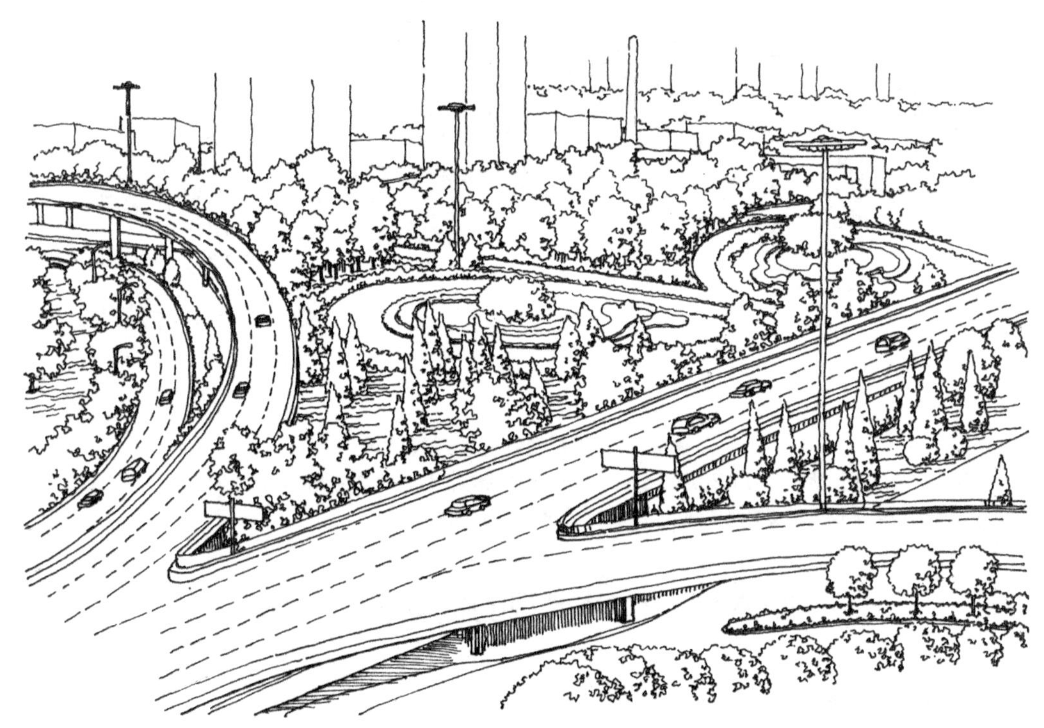

图 3-46　立交桥植物配置鸟瞰效果

注：立交桥的种植设计意义重大，需要遵循科学的景观设计原则。

图 3-47　大型桥梁植物配置透视效果

注：大型桥梁的绿化应特别注意与桥的体量相呼应，注重的是宏观的和谐效果，同时该桥梁的绿化与两侧的山体也取得了良好的呼应。

园林中多为小型桥梁，其种类多样，造型别致，基本形式有平桥、拱桥、亭桥、廊桥、汀步等。园桥可以联系风景点的水陆交通，组织游览路线，变换观赏视线，点缀水景，增加水面层次，兼有交通和艺术欣赏的双重作用。桥的布置同园林的总体布局、道路系统、水体面积、水面的分隔或聚合等密切相关，因此，其位置和形体要和景观相协调，如图3-48所示。

园桥的植物景观设计，首先要注意加强其所要体现的功能，应注重加强桥体本身的观赏及引导作用；其次是使桥体能够与周围的环境很好的融合；再者是对于桥体本身观赏性不强的园桥注意一定的遮挡；最后是要创造一定的意境，特别是江南水乡的一些小型桥梁，通过植物的衬托能够使人联想到“小桥流水人家”的诗情画意。如图 3-49 ~ 图 3-55 所示。

图 3-48　平桥植物配置透视效果

注：较大型的园桥，桥体两侧的植物体量应与桥体的尺度相呼应，注意此园桥两侧的植物同时还形成了框景的作用。

图 3-49　园桥植物配置平面布置

图 3-50　园桥植物配置透视效果

注：通过周密的植物配置，使桥梁完全掩映于红花绿树之中，拉大景深使景观的层次变化更加丰富，增添了神秘和诗意的感觉。

图 3-51　园桥植物配置透视效果

注：园桥本身造型优美，其植物配置要综合考虑多方面美学上的要求。

图 3-52　拱桥植物配置透视效果

注：植物配置以浓密的树丛来突出拱桥的造型美，另一侧的高大乔木、灌木等则增加了景深。

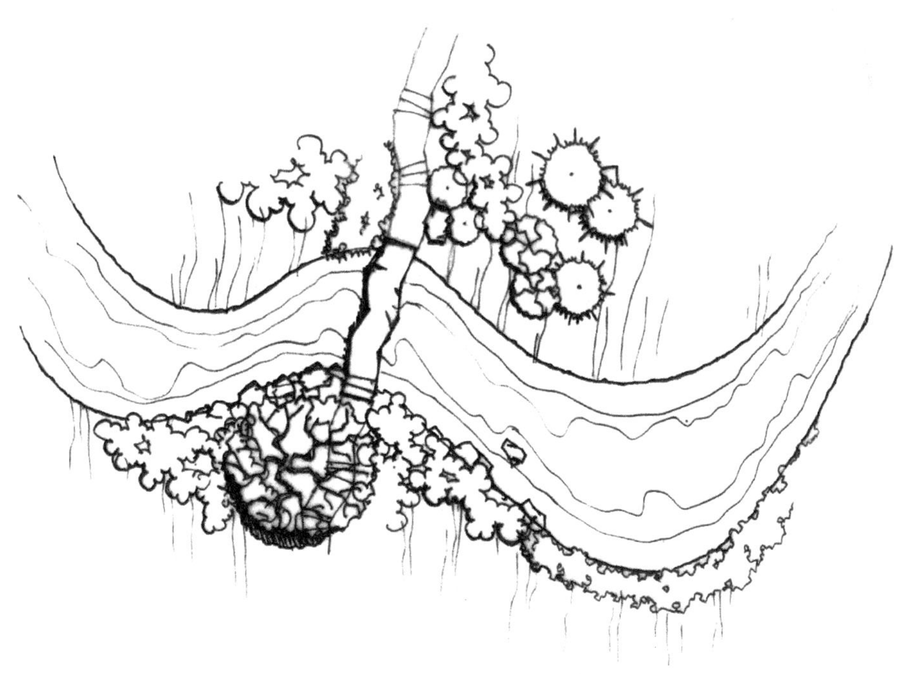

图 3-53　石板桥植物配置平面布置

图 3-54　石板桥植物配置透视效果

注：通过两侧周密的植物配置，使古朴的石桥完全融入周围的环境之中，同时具有了诗情画意的味道。

图 3-55　汀步植物配置透视效果

注：汀步也属于桥梁的一种形式，其绿化多以水生植物来表达植物配置的特色，同时也增加了汀步的趣味感。

第四章

滨水景观的植物配置

水是园林中不可缺少的、最富魅力的景观要素，并且具有增加湿度、调节温度等生态作用。古今中外的园林对于水体的运用都非常重视，尤其中国古典园林几乎更是“无园不水”。水体在不同风格的园林中均有不可替代的作用，园林中有了水就增添了活泼的生机和动感，增加了波光粼粼、水影摇曳的形声之美。因此，在园林景观设计中，重视水体的造景作用、处理好园林植物与水体的景观关系，可以营造出引人入胜的园林景观，如图4-1所示。

图4-1　某居住区滨水植物配置透视效果

注：丰富的滨水植物种类与溪流、桥梁、小品等艺术的搭配，营造出了如画的滨水景观。

第一节　水与园林植物的景观关系

一、水对于景观的意义

水是构成景观、增添园林魅力的重要因素，古今许多园林景观的设计与营造，都借助于自然或人工的水景，来提高园景的档次和增添实用功能。水体可以使人的视线无限延伸，在感观上扩大景观空间。不同的水体构筑物可以产生不同的水态：以水环绕建筑物可产生“流水周于舍下”的水乡情趣；亭、榭等浮于水面，宛如仙境一般，如图4-2所示；建筑小品、雕塑立于水中，便可移情寄性；水在流动中与山石、河岸、塘堤等摩擦发出的水声增添了天然韵律与节奏，“山石有清音”是水引起的悦耳美感，“惊涛拍岸，卷起千堆雪”则具有磅礴的气势。

图4-2　植物配置透视效果

注：这是杭州西湖的平湖秋月景观，水边的古典亭子掩映在绿树之中，形成了极佳的水岸绿化效果。

二、滨水植物的类型

由于长期生活在不同水分条件的环境中，植物形成了对水分需求关系的不同生态习性和适应性。根据植物与水分的关系，可把植物分为水生，湿生（沼生）、中生、旱生等生态类型，它们在外部形态、内部组织结构以及抗旱、抗涝能力上都是不同的。在园林应用方面，水景植物根据其生理特性和观赏习性可以分为水边植物、驳岸植物、水面植物三大类型，在

不同的地域和气候下，各类型植物的种类又各不相同，通过这三种植物的综合应用，能够形成特色鲜明的水岸植物景观，如图 4-3 所示。

图 4-3　植物配置剖面效果

注：通过水边植物、驳岸植物及水面植物的综合应用，使单调的工程驳岸的水边植物景观层次丰富。

1. 水边植物　水边植物的作用，主要在于丰富岸边景观视线，增加水面层次，突出自然野趣。北方常植垂柳于水边，或配以碧桃樱花，或栽植成丛月季、蔷薇等，春花秋叶，韵味无穷。可用于北方水边栽植的还有旱柳、枫杨、棣棠以及一些枝干变化多端的松柏类树木等；南方水边植物的种类则更加丰富，如水杉、蒲桃、榕树类、羊蹄甲类、木麻黄、椰子、落羽松、乌桕等。

2. 驳岸植物　园林水体驳岸的处理形式多种多样，植物的种植模式也有很多种。在驳岸植物的选择上，除了通过迎春、垂柳、连翘等柔长纤细的枝条来弱化工程驳岸的生硬线条外，还可在岸边栽植其他花灌木、地被、宿根花卉及水生花卉如鸢尾、菖蒲等来丰富滨水植物景观。另外，许多藤本植物如地锦、凌霄、炮仗花等，都是很好的驳岸绿化材料。

3. 水面植物　水面植物是园林水体绿化中不可缺少的一种植物材料，其种类繁多，可细分为挺水植物、浮水植物、沉水植物等。水面植物的栽植不宜过密和拥挤，而且要与水面的功能分区相结合，在有限的空间中留出充足的开阔水面用来展现倒影以及水中游鱼。南北水面植物常用的种类差别不是很大，基本上是荷花、睡莲、萍蓬、菖蒲、鸢尾、芦苇、千屈菜等种类。漂浮在水面和沉入水中的则以水藻类植物为主，如金鱼藻、狸藻、狐尾藻、欧菱、水马齿、水藓等。

第二节　水生景观的植物配置艺术

园林中的各类水体，无论是主景、配景，不管是静态水景，或是动态水景，都需要借助植物来丰富景观。水体的植物配置，主要是通过植物的色彩、线条以及姿态来组景和造景，平面的水通过配置各种树形及线条的植物，能够形成具有丰富线条感的立体构图。利用水边植物可以增加水的层次；利用蔓生植物可以掩盖生硬的石岸线，增添野趣；植物的树干还可以用作框架，以近处的水面为底色，以远处的景色为画，组成自然优美的框景画。透明的水色是各种园林景观天然的底色，而水的倒影又为这些景观呈现出另一番情趣，情景交融，相映成趣，组成了一幅幅生动的画面，如图 4-4 所示。

图 4-4　滨水植物配置透视效果

注：滨水区设置了供游人散步的木栈道，植物配置结合栈道和景石进行布置，并美化了单调的河堤，形成了美观生动的滨水植物景观。

水边植物配置应该特别讲究艺术构图，例如水边栽植垂柳，会造成柔条拂水的画面；在水边种植落羽松、池松、水杉及具有下垂气根的小叶榕等，均能起到以植物线条丰富水边景观构图的作用。还可应用特殊姿态的植物使其美丽的枝、干探向水面，尤其是似倒未倒的水边大乔木，来增加水面层次和动态的野趣感觉，如图 4-5、图 4-6 所示。

图 4-5　水边植物配置平面布置

图 4-6　水边植物配置透视效果

注：以姿态潇洒的垂柳与造型别致的桥栏杆相结合来营造水岸景观，极富自由浪漫的气息，将水边植物景观特色体现得淋漓尽致。同时，岛屿的绿化也大量应用垂柳，从而使两侧的景观形成了视觉上的联系与统一。

驳岸绿化是滨水植物配置的重要内容，对于不同的滨水植物景观品质具有决定性的作用。驳岸分土岸、石岸、混凝土岸等，驳岸植物配置原则是既要使岸和水融成一体，又要对水面的空间景观起主导作用。石岸线条生硬、枯燥，植物配置原则是有遮有露，岸边经常配置垂柳和迎春等植物，让细长柔和的枝条下垂至水面以遮挡石岸。同时配以花灌木和藤本植物，如鸢尾、黄菖蒲、地锦等进行局部遮挡，增加活泼气氛，如图 4-7 所示。土岸通常由池岸向池中做成斜坡，如果是草坡的话则一直延伸入水，水中种植水菖蒲、芦苇、慈菇、凤眼莲等植物，岸边植物配置应结合地形、道路、岸线布局，做到远近相宜，疏密有致，断续相接，弯曲多变，自然有趣，如图 4-8 所示。

园林中有不同类型的水体如湖、池、溪涧与峡等，不同水体的水深、面积及形状不一样，景观设计要根据水体生态环境和造景要求，选择相应的植物配置方式。

一、湖区的植物配置

湖是园林中最常见的水体景观。沿湖景点要突出季节景观并注意色叶树种的应用，以丰富水景效果。湖边植物宜选用耐水喜湿、姿态优美、色泽鲜明的乔木和灌木，或构成主景，或同花草、湖石结合装饰驳岸。湖边植物如选择姿态别致，特别是枝干能够向水面倾斜的

图 4-7　石驳岸植物配置透视效果

注：这是石驳岸植物配置的方式，以层次丰富的植物群落形成幽深的感觉。石驳岸上由于无法栽种植物，因此以攀援植物来局部地美化山石，使之更富自然之趣，而水中则可栽植睡莲来丰富水面植物景观。

图 4-8　土驳岸植物配置透视效果

注：这是土驳岸植物配置的方式。这种方式是以各种适宜水边栽植的乔木、花灌木及水生植物进行搭配，层次丰富且具有典型的自然水边景观特色。

种类，则使湖边景观更具特色，如图 4-9 所示。

湖水水面景观通常低于人的视线，植物造景与水边景观及其形成的水中倒影相结合，就能成为园林中最引人注目的景观焦点。水面植物配置常用荷花体现“接天莲叶无穷碧，映日荷花别样红”的意境。假如岸边有亭、台、楼、阁、榭、塔等园林建筑，或水边植物树姿优美、色彩艳丽，则水中植物配置切忌拥塞，要留出足够空旷的水面来展示美丽的倒影，如图 4-10所示。

图 4-9　水边植物配置透视效果

注：湖边密集栽植了高大的蒲葵，树体姿态优雅，部分枝干斜伸入水，使湖边风景幽静而富有画意，形成了典型的亚热带滨湖植物景观。

图 4-10　湖边植物配置透视效果

注：开阔湖岸空间的植物配置效果，要注意远景、近景和孤植树的综合配置。湖边植物配置以适合水边生长、树形多变的针叶树、阔叶树、多种花灌木及水生植物共同组成一处梦幻般的景观，优美的水中倒影使此处宛如仙境一样。其中水生植物在湖中的面积适当，既丰富了水面景观又不会影响倒影的效果。

二、水池的植物配置

在较小的园林中，水体的形式常以水池为主，水池的形式分为规则式和自由式，应根据其形式进行针对性的植物配置。水池的设置不仅能够提高景观的品质，而且是在相对局限的区域营造开敞空间的有效措施，为了获得小中见大的效果，可利用植物来分割水面空间，以增加景观层次，同时也可创造活泼、宁静的景观效果，如图 4-11 ~ 图 4-13 所示。

近年来，随着园林事业的发展和人们审美情趣的提高，小型水景园也得到了较为广泛的应用，例如在公园局部景点、居住区花园、街头绿地、大型宾馆的花园、屋顶花园、展览温室内都有很多的实用实例。水景园的植物配置应根据不同的主题和形式仔细推敲，精心塑造优雅美丽的特色景观，如图 4-14、图 4-15 所示。

图 4-11　规则式水池植物配置透视效果

注：规则式水池的植物配置也多为规则式，种植池的设计丰富了水池的空间变化，植物柔和的线条则活跃了空间的气氛。

三、溪涧与峡谷的植物配置

《画论》中说："峪中水曰溪，山夹水曰涧。"自然界这种景观非常丰富，溪涧中流水淙淙，山石高低形成不同落差，并冲出深浅、大小各异的水池，造成各种动听的水声效果。由此可见，溪涧与峡谷最能体现山林野趣。植物配置应因形就势，溪流的植物配置应顺应溪流的走向，以增强曲折多变的空间变化。具体配置可应用高大落叶乔木进行疏密有致的栽植以塑造幽静的空间氛围，溪边结合栽植多种水生灌木及草本植物增强野趣，如图 4-16、图 4-17 所示。在城市园林中溪流有时也表现为水渠的形式，水渠的驳岸较为生硬，植物配置应注重打破其单调的景观效果，如图 4-18 所示。山涧及峡谷一般只存在于自然山林中，种植规划及改造需重点强调其幽深感觉，如图 4-19 所示。

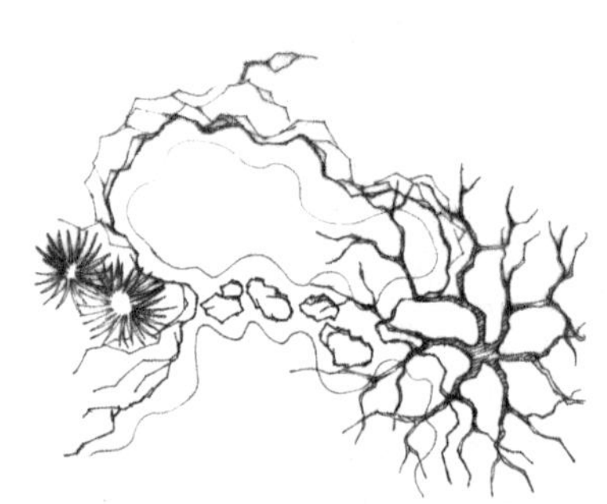

图 4-12　自由式水池植物配置平面布置

图 4-13　自由式水池植物配置透视效果

注：大型灌木结合种植水生植物的配置，以及灵活布置的块石汀步，给较小的水池增加了空间变化和幽深的感觉。

图 4-14　小型水景园植物配置透视效果

注：这是一处儿童乐园一角小型水景园的绿化布置。小型的水池和瀑布构成了景观的主景，瀑布、假山石及大树干做成的小桥使此角落极富生机。水池周边区域应用了多种植物来绿化，选择的植物种类体量较小，比较符合儿童的尺度。

图 4-15　小型水池植物配置透视效果

注：宾馆或屋顶花园内常用小型水池的一种形式，水池一侧栽植几株姿态优雅的水生植物，另一侧的种植池内以攀援植物进行绿化，使别致的水池景观变得更加生动。

图 4-16　溪流植物配置平面布置

图 4-17　溪流植物配置透视效果

注：结合溪流的自由线形，疏密有致的栽植高大乔木，树林与水溪有机地结合在一起，塑造出丰富多变的林下水边休闲空间。溪边可结合景石配置小型水生植物来强调其野趣效果。

图 4-18　水渠植物配置透视效果

注：水渠是一种人工的溪流形式，由于其岸线比较单调，植物配置以枝态潇洒的散尾葵、假槟榔和其他小乔木及攀援植物来绿化河岸。攀援植物和散尾葵的枝条软化了生硬的工程型河岸，同时层次丰富的植物配置也增加了群落的观赏效果。

图 4-19　山涧峡谷植物配置透视效果

注：山涧峡谷的植物配置因形就势，郁郁葱葱，更加突出了山涧的幽深和水体的动态美感。

四、喷泉及叠水的植物配置

喷泉与叠水景观效果比较精致，在园林中往往处于焦点的地位。喷泉及叠水的形式多种多样，其植物配置的意义更多在于如何突出和强化喷泉和叠水的景观效果，因此植物配置强调背景或框景，配置方式应简洁，色彩宜相对素雅，如图 4-20 ~ 图 4-24 所示。

图 4-20　植物与喷泉配置透视效果

注：规则式种植的高大乔木及绿篱形成框景的作用，突出了尽端广场的水池及喷泉景观。其后的景墙结合种植池及简洁的绿化形成了良好的背景。远处高大的喷泉在绿化背景的衬托下，具有突出的景观效果。

图 4-21　植物与叠水配置平面布置

图 4-22　植物与叠水配置透视效果

注：别致的水景后面以浓密的凤尾竹，蜘蛛兰及龟背竹等进行绿化，形成色彩相对朴素的背景及前景，突出了叠水的视觉效果。

图 4-23　植物与叠水平面配置

图 4-24　植物与叠水配置透视效果

注：植物与小瀑布的配置，使瀑布显得更加深远。

五、堤、岛的植物配置

在水体中设置堤、岛，是划分水面空间的主要手段。堤、岛的植物配置不仅增添了水面空间的层次，而且丰富了水面空间的色彩，倒影则成为主要景观亮点。岛的大小各异，植物配置可以柳为主，间植侧柏、合欢、紫藤、紫薇等乔灌木，疏密有致，高低有序，增加了层次且具有良好的分隔空间功能，如图 4-25 所示。

图 4-25　岛屿植物配置透视效果

注：岛屿的植物配置有效的增加了水景的层次，丰富了水景的色彩效果，岛屿周边的乔木可使其向水面倾斜，能够丰富景观的构图且增加空间的幽深感。

六、湿地景观的植物配置

湿地是地球上重要的生态系统，具有涵养水源、净化水质、调蓄洪水、美化环境、调节气候等生态功能，是全世界范围内一种亟待保护的自然资源。《湿地公约》将其定义为："不问其为天然或人工、长久或暂时之沼泽地、泥炭地或水域地带，带有或静止、或流动、或为淡水、半咸水、或为咸水体者，包括低潮时水深不超过 6m 的水域。"同时又规定，"湿地可包括邻接湿地的河湖沿岸、沿海区域以及湿地范围的岛屿"。

在湿地植物配置中，要注意传承古老的水乡文化，保持低洼地形、保护原有植被、保留生态池塘。在湿地的周边区域可有效地利用片植、群植、孤植和混交等手法，实现乔、灌、草、藤的植物多样性，营造良好的绿化氛围并发挥最大的生态效益，而在低洼的湿地区，则注重特色湿地景观的营造，形成或芦苇丛生或荷塘千顷的别致景观，如图 4-26、图 4-27 所示。

图 4-26 湿地植物配置平面布置

图 4-27 湿地植物配置透视效果

注：对湿地应该尽量少干涉，此设计应用简单的木栈道来连接两岸，而植物配置则保持与原湿地区域植物种类相一致，从而最适应当地的环境且保持了景观的延续性，其景观极富生态化的野趣效果。

第五章

道路绿化植物配置

道路绿化分为城市道路和园林道路绿化两个部分。城市道路绿化是城市绿地系统的重要组成部分，是体现城市绿化风貌与景观特色的重要载体，直接形成城市面貌、道路空间性格、市民交往环境，为居民日常生活体验提供长期的视觉审美客体，乃至成为城市文化的组成部分。因此它与人们的日常生活、工作学习息息相关，其优劣直接影响到一个城市的景观品质。

随着人们对城市环境质量要求的日益提高，作为城市空间组成部分的道路，除满足交通功能、方便建筑规划、提供公用设施用地之外，还应考虑城市景观设计的要求。城市道路的线型规划与景观设计应与道路周围的土地区划、建筑密度、建筑类型及组合、公用设施及街道建筑小品的布设综合考虑。从空间入手，找出城市空间存在形式中道路空间的实质和特性，运用先进的植物景观设计方法，进行道路及其周围整体空间环境设计。无论哪种类型道路的植物配置都要遵循生态学原理，充分挖掘丰富的城市文化内涵，为市民创造人性化的生活和工作环境。

园林道路绿化是指园林绿地中园路的绿化，植物配置主要目的一是强化园路对景观空间的分隔效果，二是通过合理的引导作用实现园路的通行功能，三是要着重考虑美观的要求，通过绿化加强园林景观步移景异的变化。

第一节　城市道路的绿化布置形式

城市道路通常以道路绿化断面布置形式来进行分类，是规划设计所采用的主要模式，常见的形式有一板二带式、二板三带式、三板四带式、四板五带式及其他形式，在此处“板”是指机动车或非机动车行道，而“带”则是指绿化带或植有行道树的人行道。

（一）一板二带式

一板二带式是道路绿化中常用的一种形式，即在车行道两侧的人行道分隔线上种植行道树，人行道两侧常为道路绿化带，如图 5-1 所示。

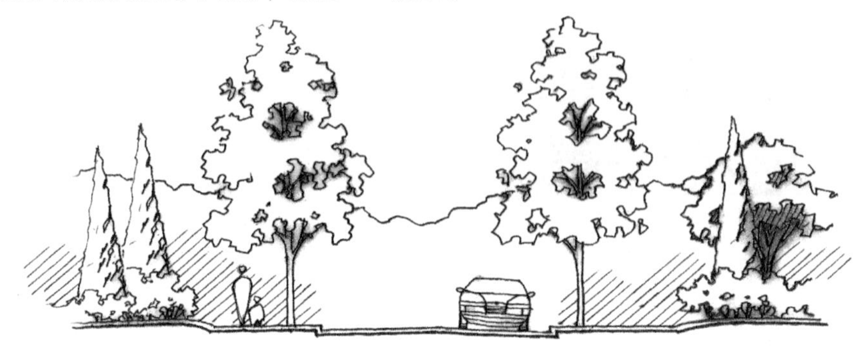

图 5-1　一板二带式道路的绿化方式

注：以高大的落叶乔木作为行道树形成遮阴的效果，两侧栽植层次丰富的各种树木以提高观赏效果。

（二）二板三带式

二板三带式是指在分隔单向行驶的两条车行道中间进行绿化，并在道路两侧布置行道树。这种形式适合较宽阔的道路，其中间绿带在条件允许的情况下应尽量放宽，进行复层式种植以增加绿量、提高生态效益，这种形式多用于城市快速路的绿化，如图 5-2 所示。

图 5-2　二板三带式道路的绿化方式

（三）三板四带式

三板四带式是指利用两条分隔带把车行道分成三块，中间为机动车道，两侧为非机动车道，分隔带连同车道两侧的行道树共为四条绿带。这种形式虽然占地面积较大，但其绿化量大，夏季蔽荫效果好，组织交通方便且安全可靠，解决了各种车辆互相干扰的矛盾，如图 5-3 所示。

（四）四板五带式

四板五带式是利用三条分隔带将车道分为四条，从而规划出五条绿化带，以便各种车辆上行、下行互不干扰，有利于限定车速和交通安全，如图 5-4 所示。如果道路宽度所限不宜

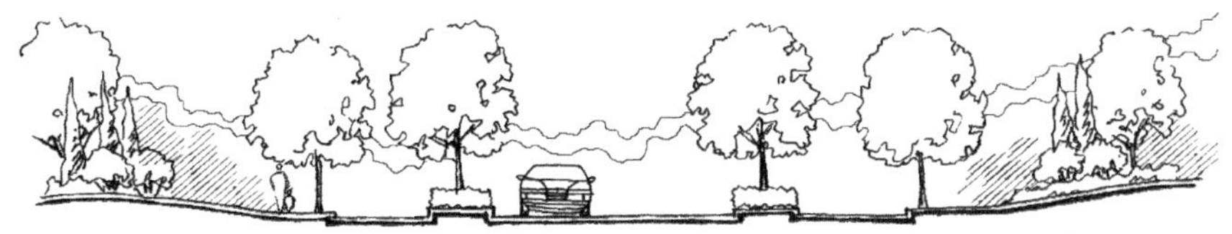

图 5-3　三板四带式道路的绿化方式

图 5-4　四板五带式道路的绿化方式

布置五带，则可用栏杆代替绿化带进行分隔以节约用地。

（五）其他形式

城市道路还有其他多种形式，植物配置应按道路所处地理位置、环境条件特点，因地制宜地设置绿带，并注重与山坡、水道的绿化设计相结合。

第二节　城市道路绿化植物配置

城市道路分为一般城市干道以及居住区、公园绿地和附属单位等各种类型绿地中的道路、景观游憩型干道、防护型干道、高速公路、高架道路等类型。道路绿地具有优化交通、组织街景、改善小气候的三大功能，并以丰富的景观效果、多样的绿地形式和多变的季相色彩影响着城市景观空间品质。各种类型城市道路的植物景观设计都应该在遵循生态学原理的基础上，根据美学特征和人的行为游憩学原理来进行植物配置，以体现各自的特色。

（一）城市主干道植物配置

主干路是城市道路网的主体，贯穿于整个城市，主干路植物配置要考虑空间层次及色彩搭配，体现城市道路绿化特色。同一路段上如分布多条绿带，各绿带的植物配置要相互配合，使道路绿化层次丰富、景观多变，并能较好地发挥绿化的隔离防护作用。分车绿带的植物配置应形式简洁，树形整齐，如图 5-5 所示。

城市干道上一般要栽植行道树，为行人及车辆遮阴及划分空间层次、美化街景。种植行道树时，应充分考虑株距与定干高度，配置时常采取以下形式。

1. 树带式　在交通及人流不大的路段的人行道和车行道之间，常留出一条宽度不小于 1.5m 的种植带，植一行、两行或多行大乔木和树篱，如宽度适宜，则可在绿化带中留出铺装过道，以便人流或汽车停靠。

2. 树池式　在交通量较大、行人多而人行道又狭窄的路段，可以设计正方形、长方形或圆形空地，种植花草树木，形成池式绿地。行道树的栽植点位于几何形的中心，池边缘高出

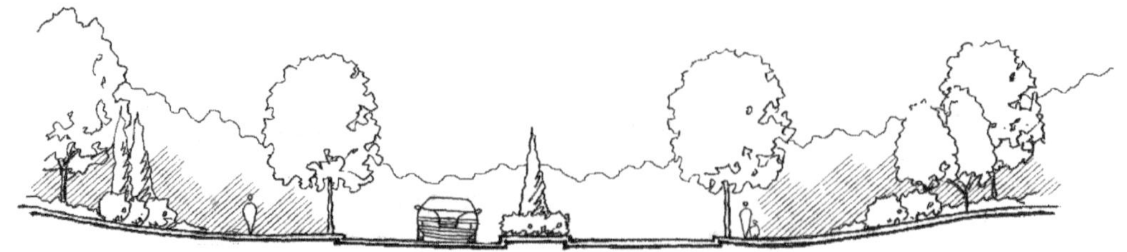

图 5-5　城市主干道植物配置剖面效果

人行道 8～10cm，避免行人践踏。如果树池略低于路面，应加与路面同高的池篦，这样可增加人行道的宽度，又能避免践踏，同时还可使雨水渗入池内；池篦可用铸铁或钢筋混凝土做成，设计时应简单大方。

（二）景观游憩型干道植物配置

景观游憩型干道的植物配置应兼顾观赏和游憩功能，即从人的需求出发，兼顾植物群落的自然性和系统性，来设计可供游人参与游赏的道路。在繁忙的道路两侧设置自然式的园林道路（即林荫路，是具有一定宽度又与街道平行的带状绿地，其作用与街头绿地相似，有时可起到小游园的作用），尤其是居民分布相对较密集的一侧设林荫路，既可方便居民自由出入、散步休息，又可以有效防止和减少车辆废气、噪声对居民的危害，如图 5-6 所示。

图 5-6　景观游憩型干道植物配置透视效果

注：以规则的绿篱形成绿地与道路的分隔，以流线形的色带形成绿地的前景，以花灌木形成绿化的中景，以高大的乔木作为背景，从而使道路一侧绿地层次丰富，具有较好的装饰效果和防护作用。

（三）防护型干道的植物配置

基于隔离防护主导功能的道路绿化，主要发挥其隔离有害气体、噪声和尘土的功能，兼顾观赏功能。绿化设计应选择抗污染、滞尘、吸收噪声的植物，如雪松、圆柏、桂花、夹竹桃等。采用由乔木群落向小乔木群落、灌木群落、草坪过渡的形式，形成立体绿化层次，从而起到良好的防护作用和景观效果，如图5-7所示。

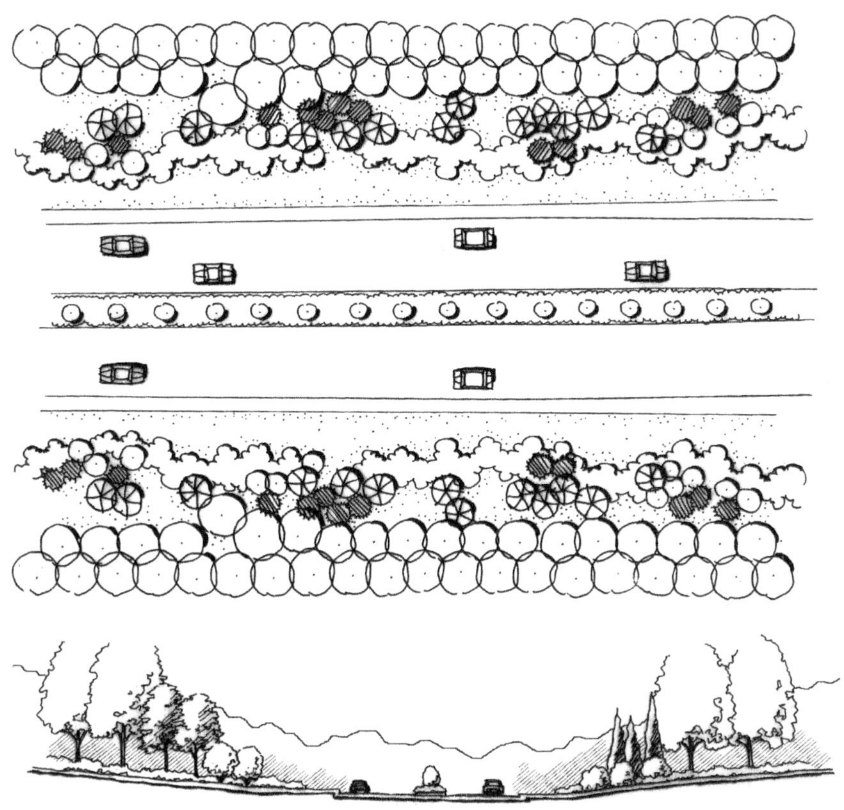

图5-7　防护型干道平面及剖面效果

注：以落叶的阔叶树为背景，以常绿针叶树形成绿化的中间层次，以色彩鲜艳的花灌木形成绿化的前景，能够兼顾良好的防护效果和景观效果，中间绿化带的设置则将开阔的道路空间变得更有趣味。

（四）道路节点的植物配置

道路节点在城市道路绿化中具有重要意义，是以组织交通空间为特征的环境艺术。其植物配置要充分考虑景观多样性、环境保护价值、保健休养价值、游览价值、文化娱乐价值、美学价值、社会公益价值以及经济价值等。道路节点的植物配置一要注意布局合理，二要具备观赏特色，三要体现其功能性，四要发挥高效的生态环境效益，如图5-8、图5-9所示。

图 5-8　道路节点植物配置透视效果

注：北京阜成门立交桥处道路交叉口三角地绿化，以高大的油松形成绿化的主体，结合球形灌木及流线形的花带形成简洁明快的绿化层次，既起到了分隔交通的作用，又具有良好的生态效益及观赏效果。

图 5-9　道路节点植物配置透视效果

注：北京二环路一侧设置的小游园，形成道路节点空间，它对于丰富道路景观，提高生态价值和社会效益方面起到重要的辅助作用。

第三节　园林道路的植物配置

园林道路是公园绿地的骨架，具有组织游览路线、连接不同景观区等重要功能。植物配置无论从种类的选择上还是搭配形式上（包括色彩、层次高低、大小面积比例等），都比城市道路更加丰富多样和自由生动。

一、园林道路植物配置的基本要求

园林道路植物配置要注意创造不同的园路景观，如山道、竹径、花径、野趣之路等。在自然式园路中，要打破一般行道树的栽植格局，两侧可栽植不同树种，但必须取得均衡的效果。株行距应与路旁景物结合灵活多变，留出透景线，创造出“步移景异”的效果，如图5-10所示。

路口可种植色彩鲜明的孤植树或树丛，起到对景、标志或导游的作用。次要园路或小路的路面可应用草坪砖的形式，来丰富园路景观。规则式的园路也可用二到三种乔木或灌木相间搭配，形成起伏的节奏感。

图5-10　园林道路植物配置剖面效果

注：两侧的植物配置自然而均衡，行道树的栽植自由多变。

二、不同形式园林道路的植物配置

园林道路分为主路、次路和小路，对于不同的园路类型、其植物配置方式也不一样。

（一）主路植物配置

主路绿化常代表绿地的形象和风格，植物配置应引人入胜，形成与其定位一致的气势和氛围，主路通常还具有消防或运输车辆通行要求，因此还要注意两侧的乔木及灌木栽植不能影响车辆的使用功能要求。例如在入口的主路上，定距种植较大规格的高大乔木如悬铃木、香樟、杜英、榉树等，而在树下种植杜鹃、大叶黄杨、龙柏等整形灌木，景观特征鲜明，节奏明快且富有韵律，如图5-11所示。

图 5-11　主路植物配置透视效果

注：主路的植物配置开阔大气，特别是中央分隔带的设置使绿地道路的空间层次更加丰富，人行道上的高大乔木形成良好的遮阴效果，而道路一侧高低错落的植物与水景的搭配也十分和谐。

（二）次路植物配置

次路是园中各区内的主要道路，一般宽 2～3m。植物配置应注意沿路视觉上要有疏有密、有高有低、有遮有敞。两侧可根据景观需要布置草坪、花丛、灌丛、树丛、孤植树等，使游人散步可有多种形式的体验，如图 5-12、图 5-13 所示。

图 5-12　次路植物配置透视效果

注：次路是园林绿地中游人的主要通行道路，植物配置应加强对于游人的引导作用并注意植物景观步移景异的变化。

图 5-13　次路植物配置透视效果

注：高大的杨树行道树密集地自由栽植，使道路空间宁静雅致。

（三）小路植物配置

小路主要是为游人在宁静的休息区中漫步而设置的，一般宽仅 1 ~ 1.5m，此外各种汀步也是小路的一种具体形式。小路通常通过密集的种植与喧嚣的主路或活动场分隔，其形式常蜿蜒曲折，植物配置应以自然式为宜，如图 5-14 所示。竹径通幽是中国传统园林中经常应用的造景手法，四季常绿的竹子生长迅速、适应性强、清秀挺拔、具有文化内涵，在现代绿地景观设计中仍然得到广泛应用，如图 5-15 所示。

图 5-14　山坡小路的植物配置剖面效果

注：山坡处的植物配置使小路很好地与主路进行了分隔，形成了舒适的散步小径。

图 5-15　小路植物配置透视效果

注：小路铺装的材质应用了具有古典韵味的卵石及文化石碎拼，因此植物配置以竹子为主，形成竹径通幽的感觉并具有典型的中国文化的内涵。

第六章

植物与地形

第一节　地形的概念和意义

地形，是指园林绿地中地表面各种起伏形状的地貌，它是在一定范围内承载树木、花草、水体和园林建筑等物体的地面。在规则式园林中，一般表现为不同标高的地坪与层次；而在自然式园林中，则往往借鉴自然界的地形地貌，在绿地中设计形成类似于平原、丘陵、山峰、盆地等缩影的地貌，如图6-1所示。园林用地中原有地形、地貌是影响总体规划的重要因素，但园林地形设计不仅局限于原有现状，要因地制宜进行改造，充分体现总体规划的意图。

地形在园林中具有非常重要的作用。在造园工程中，适宜的地形处理有利于丰富造园要素、加强景观层次组织园林空间，达到提高园林艺术性和改善生态环境的目的；绿地可以利用地形自然排水，汇聚而成的水面具有多种园林用途如观赏、灌溉、抗旱、防灾等；可以根据不同的地形创造种类多样的园林活动项目如登山、攀岩、漂流等；地形可以改善建筑的周边环境，弥补硬质景观的不足，如图6-2所示；园林地形对改善植物种植条件也具有十分重要的作用，它能够提供干、湿、水中或阴、阳、缓陡坡等多样性环境。

第二节　园林地形处理与植物配置的原则

在现代园林设计中，无论是大规模的风景区规划或公园设计，还是各种类型的市政绿地或居住区绿化，都会涉及尺度不同的地形改造。设计师在实际设计中接触应用最多的是园林微地形，它是专指一定范围内园林绿地的起伏状况，是园林设计中最主要的地形设计的内容。

图 6-1 自然山地及植物景观

注：自然界中具有多种不同形式的地形，它们或巍峨挺拔或绵延曲折，是园林地形及植物景观设计的宝贵源泉。

植物与地形配置的主要目的就是为了改善地形的作用，增加空间的变化。利用植物材料能够加强或削弱地形的高低起伏变化，在地势较高处种植高大乔木，可以使地势显得更加高耸，植于凹处可以使地势趋于平缓。在园林景观营造中可以结合人工地形的改造巧妙配置植物材料，形成或陡峭或平缓的园林景观，对景观层次的塑造能够达到事半功倍的效果。对于相同的地形来说，如果进行不同类型的植物配置，可以创造出完全不同的景观效果，如图 6-3 所示。园林地形的设计与植物配置主要遵循以下几种处理原则。

（一）充分利用自然地形、地貌

大自然是最美的景观，是进行园林地形设计的最有益的借鉴，结合场地的自然地貌进行地形处理，更容易创造和谐的景观效果。如设计场地原地形丰富，那么充分结合景点的自然地形、地势地貌，体现乡土风貌和地表特征，切实做到顺应自然、返璞归真、追求天趣，是

图 6-2　地形与植物配置剖面效果

注：利用地形结合种植，遮挡住一侧喧闹的停车场，展现出优美的群落式植物景观效果。

图 6-3　地形与植物配置剖面效果

注：相同的地形通过不同的植物配置，形成了开阔空间与封闭空间两种风格迥异的景观效果。

每一个景观设计师应该具备的基本素质，如图 6-4 所示。

植物配置也应参照自然界中植物与地形的结合方式，才能够创造真正具有自然神韵的植物景观效果。例如在地形起伏的草坪上营造自然式树丛，宜选择高耸干直的大乔木，一般只用一两个树种自由散植。同样，借助周围的自然地形如山坡、溪流等，可以针对性的营造不同特色的地形植物景观，如图 6-5、图 6-6 所示。

图 6-4　地形与植物配置透视效果

注：场地的原地形变化比较丰富，园林设计充分结合原地形进行了改造，增加了连绵起伏的微地形与之呼应，同时根据地形的特点进行相应的植物配置，注意了乔木及灌木对于地形变化的强调效果，形成了层次丰富错落的景观效果。

（二）因地形而异造景

地形的高低、大小、比例、尺度、外观形态等方面的变化，显现出丰富的地表特征，为景观设计提供了依托的基础。在地形变化小的较大场景中，适宜配置宽阔平坦的绿地、大型草坪或疏林草地，来展现宏伟、壮观的场景，如图 6-7 所示；而在较小范围内如地形变化较大，则可以通过适当夸张的微地形处理，创造更多的层次和空间，形成精巧的景观，如图 6-8 所示。

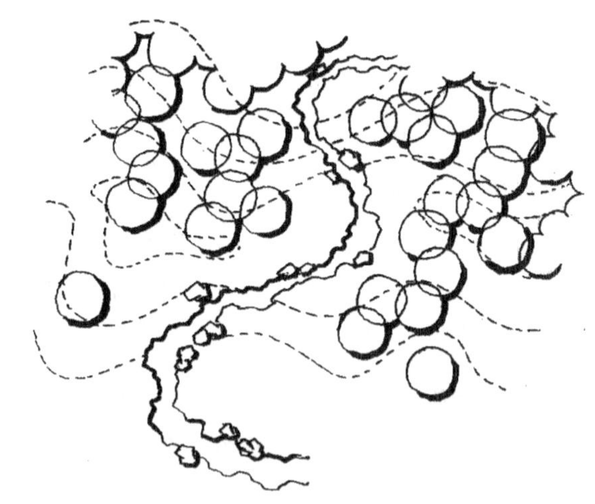

图 6-5　地形与植物配置平面布置

图 6-6　地形与植物配置透视效果

注：用单一纯林结合微地形及活泼的溪流进行植物配置，创造出了优美简洁的北国针叶林带自然风貌景观，表达出强烈的地方特色。

图 6-7　大场景开阔景观透视效果

注：内蒙古地区某工业园项目位于平坦的草原区，设计以开阔的疏林草地为主要景观场景，结合蒙古包及奔马雕塑的设置，营造了特色的“风吹草低现牛羊”的意境。

图 6-8　地形与植物配置剖面效果

注：适当夸张的微地形处理，结合种植加强了竖向上的变化，形成多层次显著的景观空间变化效果。

（三）融景观建筑于地形与植物景观之中

很多景观建筑必须以适当的地形处理与之协调，以淡化人工建筑与环境的界限。但仅靠地形处理有时难以达到理想的效果。因此必须借助植物配置协调建筑与周边环境，使建筑、地形与绿化景观融为一体，体现返璞归真、崇尚自然的心理，如图 6-9、图 6-10 所示。

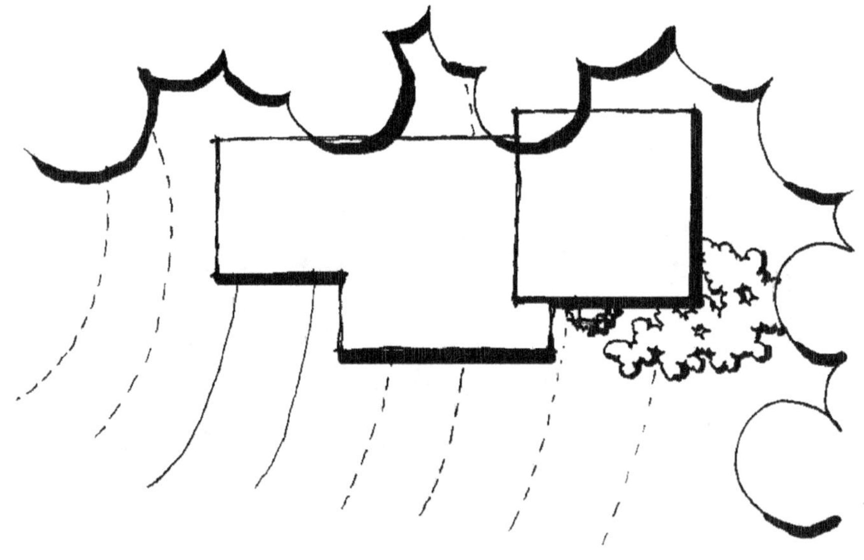

图 6-9　地形与植物、建筑配置平面布置

图 6-10　地形与植物、建筑配置透视效果

注：茂密的树丛结合自然地形形成了良好的背景，使建筑掩映于其中。建筑前空间比较开阔，视线通畅，优美的缓坡草坪体现出自然的韵律。地形、植物与建筑三者和谐地融合为一个有机的整体。

第三节　几种公共绿地地形的处理及相应的植物配置方法

一、广场绿地及纪念性绿地

广场是城市空间环境中最具公共性、最富艺术魅力、最能反映城市文化特征的开放空间，广场绿地多为规则式结合自由式的混合式空间布局。在广场绿地设计中，根据功能及空间的需要，往往对地形进行抬升和下降处理，其地形设计分为两种，一是表现为不同高程的规则式台地，二是自由空间中的自然式微地形。规则台地式的种植设计也多表现为规则式，以整齐的树阵、整形修剪绿篱、图案式的花卉栽植或大草坪为主，而自然式的地形处，其植物配置则多为群落式或疏林草地式，如图 6-11 ~ 图 6-13 所示。

纪念性园林常常以纪念碑、塔、雕塑或主题标志性建筑形成绿地的焦点景观，其地形常作较大的抬升处理，以体现崇高、雄伟和肃穆感，使人油然而生一种崇拜之情。而植物配置则结合高耸的地形，突出最高点的标志性建筑，来强调一种体量上的变化，如图 6-14 所示。

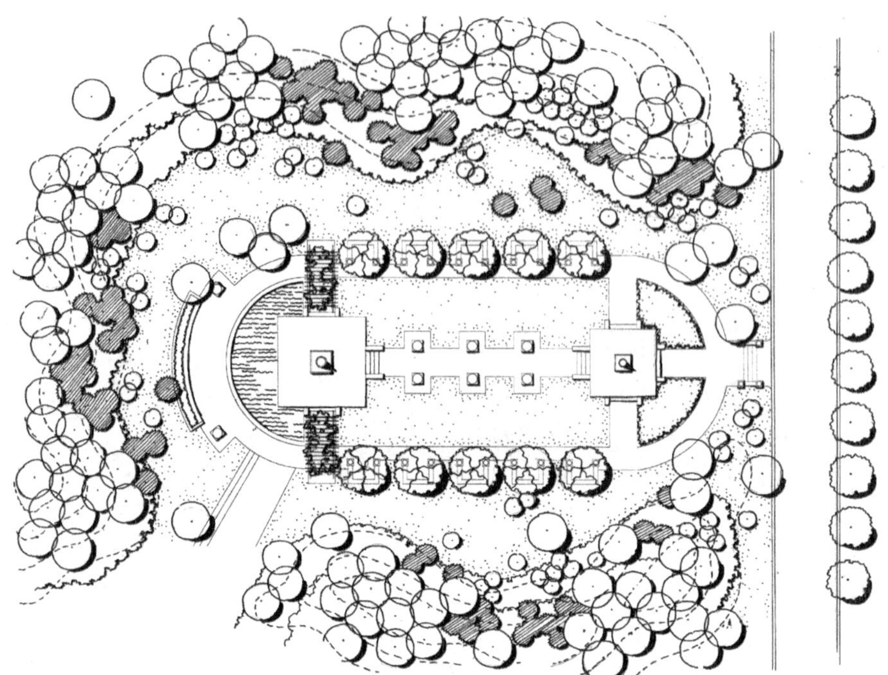

图 6-11　广场规则式地形、周边自由式地形与植物配置平面布置

图 6-12　广场规则式、自然式地形与植物配置透视效果

注：小型公共绿地广场的设计为规则式与自然式相结合，中心处的空间为下沉式铺装广场，形成了相对独立的活动空间，两侧的草坪处理成斜坡的形式，强调了地形的变化，而等距栽植的乔木则强调了广场的规则式外形。周边的自然式地形及群落种植与之形成了鲜明的对比。

图 6-13　规则式广场与植物配置透视效果

注：广场的规则式树阵能够为广场的整体景观提供良好的绿化氛围，树池适当抬高形成了高差的丰富变化，围合成了公共活动中心，抬高的树池同时为游客提供了休憩座椅。

图 6-14　地形与植物配置透视效果

注：北海公园的白塔是全园的标志性景观，通过地形的处理和植物的衬托使其焦点效果更加明显。

二、市政道路绿带

在市政道路绿化中进行适当的地形处理非常重要，结合层次错落的植物搭配，可以使相对狭长、单调、封闭的道路具有优美的景观效果。在地形处理时把地表做成“龟背状”或楔状，首先可以满足排水、地下管线、管沟的布置需要，其次能够将道路空间与相邻的其他功能空间进行有效的分隔。植物配置强调浓密的群落式种植，在地形最高处种植高大的乔木形成绿化的背景层次，两侧则强调植物景观效果丰富的层次变化。通过这种配置方式，不仅可以增强道路的连续性、方向性，丰富立面上的景观层次，还有利于阻止尾气、粉尘、噪声等污染物的扩散，产生良好的生态效益，如图 6-15 所示。

图 6-15　街道绿化植物配置剖面效果

注：街道绿化的一侧做成龟背形，既可以丰富绿化层次又起到了良好的防护作用。

三、滨水绿地

城市滨水绿地景观设计需要特别注意堤岸的地形处理，堤岸是联系水与绿地的媒介，是常见的园林地形要素。设计可以把堤岸处理成微倾斜状、采用沙滩或草地模式使堤岸缓缓延伸到水面，打破绿地与水的界面；植物配置也应顺应地形的变化，距离水面由远至近由群落式种植过渡到灌木、草坪和水生植物，近水处可种植垂柳等滨水乔木以丰富岸边的景观效果，如图 6-16 所示；或把堤岸做成台阶式并把台阶直接延伸到水中或设置水边平台，使人可以亲近水体，便于人们戏水，享受融入大自然的乐趣，植物种植可结合台阶的变化设置相应种植池或树池，并在台阶周边栽植水生植物，削弱硬质台阶的单调，增加绿化景观的层次和氛围，如图 6-17 所示。

图 6-16　自然式堤岸植物配置剖面效果

注：堤岸地形缓坡式倾斜，丰富的种植层次强化了地形的效果，各种水生植物与木平台小品搭配，和谐而自然。

图 6-17　台阶式堤岸植物配置透视效果

注：堤岸以规则式台阶的形式解决了高差的变化，在水边设置了木平台使人们能够近距离接触水面。其种植设计以多种水生植物缓解了硬质堤岸的单调，丰富了整体的景观效果。

第四节　居住区绿化的地形处理和植物配置

居住区环境的地形处理，是分隔景观空间、挖掘绿化潜力、增加绿化景观效果和生态效益的一项有效措施，对居住区的环境品质提升具有重要的意义。

一、公共集中绿地

居住区公共集中绿地通常被居住建筑所包围，面积较大，为社区居民的集中活动中心，其景观布局的形式多为规则式与自由式相结合。设计往往在绿地的周边设置较高的地形，结合浓密的种植使中心区形成相对安静的独立空间，可根据规模的大小以地形将绿地分为大小不等的主题空间，不同的空间根据其景观设计布局相应表现为规则式或自由式的地形特征。具体的地形表现形式多种多样，植物配置应符合地形所强调的特色，形成针对性的景观效果，如图 6-18 所示。

图 6-18　居住区公共绿地地形与植物配置透视效果

二、楼宇间集中绿地及中庭、天井

楼宇间集中绿地间空间有限，可通过适当的微地形处理形成小山坡，模拟自然界的山峰效果；也可形成不同高度的山坡使之相互联系，山坡之间的低矮地段自然而然地形成低地，从而形成类似自然山野的微缩景观。绿地边沿形成缓坡逐渐延伸至路面，不仅利于排水，而且在道路与绿地之间形成一个缓冲区。植物配置可结合地形的设计，在楼间绿地中形成小型

的相对安静的活动空间以满足居民的休憩需求，种植方式应为自然群落式为主，从而把自然景观引入居住区，使居民足不出户便可享受自然之趣，如图 6-19、图 6-20 所示。

图 6-19　楼宇间集中绿化植物配置透视效果

图 6-20　楼宇间集中绿化植物配置透视效果

注：居住区的集中绿地中应用了微地形处理，将休憩小广场围在中间，营造出城市中的自然景观，形成了安静、舒适的休憩环境，满足了人们的实际使用要求。

中庭、天井一般是视线比较集中的地方，在这个狭小的空间内，要使景观丰富而又不显得拥挤，可根据不同的景观设计作微地形处理，结合简洁的植物配置，使中庭或天井空间别具特色和趣味性，如图 6-21 所示。

三、不雅景观的处理

居住区中有一定数量的配套设施如生硬的窨井、化粪池盖板、建筑散水、变电箱和地下通风孔等，它们的造型及色彩一般都比较单调，与周围景观格格不入。通过微地形及种植的处理，可有效改善其视觉效果，避免与整体景观形成较大的冲突。

地形设计要在不影响配套设施使用功能的前提下，采用周边设计微地形进行遮挡或局部掩埋减弱其体量的方式对不雅景观进行处理。对于窨井、化粪池盖板和建筑散水，可在其上置石或架空成微地形的处理手法进行遮挡。对于变电箱或地面通风孔等地面构筑物，除对其本身进行硬质的装饰性设计外，还要在周边设置微地形使之更好地与环境相融合。植物配置要结合地形所要强调的功能并根据土层的厚度进行相应种植，如从立面上加强遮挡的效果或种植攀援植物加强覆盖的效果，使其与周围景致协调一致，展现出优美的植物景观，如图 6-22、图 6-23 所示。

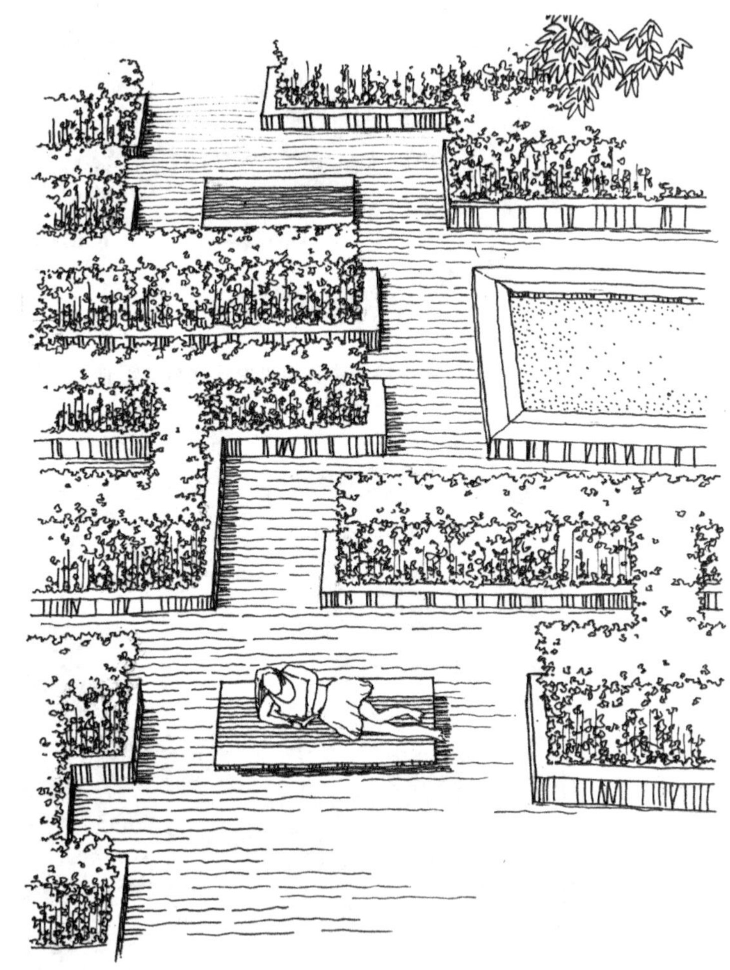

图 6-21　楼宇间集中绿化植物配置透视效果

注：楼间中庭绿地中应用了规则式的微地形处理，以抬高的种植池结合绿篱来划分空间，方便人们的休闲需要，设计手法特色鲜明。

图 6-22　架空式地形处理与植物配置剖面效果

图 6-23　地形与植物配置透视效果

注：对于绿地中地面构筑物等不雅景观，可以设置微地形结合密集的种植来形成有效的遮挡，使其与周边的景观协调一致。

第七章

植物与小品

园林小品是各类绿地中为人们提供服务功能、丰富景观效果或方便绿化管理的，用作装饰、展示、照明、休息等的小型设施。它们的特征是体量较小、造型丰富、功能多样、富有特色，按照功能可将园林小品概括性的分为四种类型。

1. 服务小品 供人们休息或遮阳用的景亭、廊架、座椅等；为游客提供服务的电话亭、洗手池等；为保持环境卫生的废物箱等。

2. 装饰小品 各类绿地中的雕塑、喷泉、花池、景墙等以及特色的装饰性园门、栏杆及铺地等，它们具有强调景观节点、提高景观品质的作用。

3. 展示小品 各种布告栏、导游图、指路标牌、说明牌等，起到一定的宣传、指示、教育的功能。

4. 照明小品 以草坪灯、广场灯、庭院灯、射灯、水下灯、壁灯等为主的灯饰小品。

事实上园林小品无法进行严格意义上的明确分类，很多园林小品同时具有多方面的作用。如服务、展示和照明小品等本身要求造型别致，具有装饰景观空间的作用；而装饰小品中的喷泉池壁、花池池壁等可以作为座椅来提供服务功能，景墙等也可结合文字、标志等发挥展示作用；服务、装饰、展示小品等结合灯具布置会具备一定的照明功能。

园林小品大多体量小巧，造型新颖，富有时代特色和地方色彩，是城市环境中不可缺少的组成要素。它们既可以作为园林中局部主体景物，具有相对独立的意境，表达一定的思想内涵，能产生特定的感染力，又可以作为配景或必要的配套设施来发挥作用。因此，它们的设计既有园林建筑技术及其他相关实用性的要求，又有造型艺术和空间组合上的美感要求。

园林小品通常也需要与其他景观要素，特别是与植物之间的综合设计才能更好地发挥作用。在进行园林小品的植物配置设计时，首先应考虑符合其实用功能及技术上的要求；其次就是通过植物景观加强感染力，强调对主体园林小品的衬托，赋予地方特色、园林特色及单体的工艺特色；再者就是应将园林小品完美的融入周围环境，不会形成喧宾夺主或格格不入的感觉，如图7-1、图7-2所示。例如园林中经常在树根造型的园凳周围配置相似树根的乔木，则坐凳似在一片林木中自然形成的断根树桩，可达到以假乱真的程度，是植物与园林小品配置的鲜活实例。

图7-1　园林小品与植物配置透视效果

注：以景亭、雕塑等服务小品、装饰小品形成居住区绿地中的一处景区视觉焦点，小品与植物的搭配和谐而自然，使小区绿地的休憩中心极富趣味性。

第一节　植物配置对于园林小品的意义

园林小品与植物如果能够科学配置，不仅可以获得和谐优美的景观场景，还可以突出小品单体达不到的功能效果。园林植物配置，一是通过选择合适的物种和配置方式来突出或烘托小品的主旨和精神内涵；二是用植物来缓和或消除园林小品因造型、尺度、色彩等方面与周围绿地环境不相称的矛盾。园林植物配置对于景观小品的作用主要有以下几个方面。

图 7-2　园林小品与植物配置透视效果

注：此景区应用了喷泉、雕塑、景亭等更多的园林小品，通过植物的协调作用及不同小品间的合理搭配使不同性质的小品在同一个景观空间中和谐的共存。

一、植物配置突出园林小品的主题

在园林绿地中，许多小品都是具备特定文化和精神内涵的功能实体，通过合理的植物配置，能够进一步丰富或明确表达其内在的含义。例如装饰性小品中的雕塑、景墙、特色铺地等，在适宜的环境背景下会表达特殊的作用和意义，通过植物与其进行相得益彰的配置，加强其所表达的主题，意境就会更加丰富，如图 7-3、图 7-4 所示。

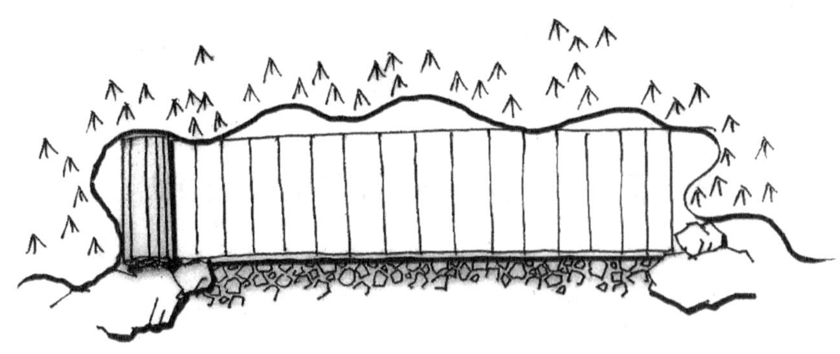

图 7-3　植物配置平面布置

图 7-4　植物配置透视效果

注：竹简式雕塑表达了中国传统韵味的主题，给景点赋予了文化意义，以竹子为主的植物与雕塑搭配和谐，无论形式还是内涵都完美无缺。

二、植物配置协调景观小品与周边环境的关系

景观小品因造型、尺度、色彩等原因与周围绿地环境不相称时，可以用植物来缓和或者消除这种矛盾。植物配置不仅可以解决客观存在的问题，而且也可以使景观小品与环境更加和谐、优美，如图 7-5 所示。另外，对于有些功能性的设施小品如垃圾桶、厕所等来说，假如

图 7-5　植物与雕塑配置透视效果

注：雕塑周围植物的处理，使整体的景观和谐并突出了雕塑美人鱼的视觉效果，特别是雕塑前水池中配置的水生植物，既活跃了整体的气氛，又与雕塑的环境氛围相协调。

设置的位置不合适，影响到周边景观效果，也需要借助植物配置来处理和改善。

三、植物配置丰富园林小品的艺术构图

一般来说，景观小品特别是体量较大的休息亭、长方形的坐凳、景墙等的轮廓线都比较生硬、平直，而植物优美的姿态、柔和的枝叶、丰富的天然色、多变的季相则可以软化景观小品的边界，丰富艺术构图，增添其自然美，从而使整体环境显得和谐有序、动静皆宜，如图 7-6 所示。特别是部分景观小品的角隅，通过植物配置进行缓和柔化最为有效，宜选择观花、观叶、观果类的灌木、地被和草本植物成丛种植，也可以设计微地形并在高处种植几株浓荫乔木，与景观小品共同组成相对稳定、持久的园林景观。

图 7-6　植物与建筑小品配置透视效果

注：道路一侧绿地配置几株高大的乔木，使体量较大的自行车棚看起来尺度适宜。车棚周边树木的枝叶较好地软化了建筑小品的生硬线条，使其具备了景观化的特点。

另外，许多景观小品颜色为浅色或灰色系列，如以绿色、彩色叶或具有各种花色和季相变化的植物和景观小品相结合，可以弥补它们单调的色彩，为其功能和内涵的表现发挥重要的作用。

四、植物配置完善园林小品的功能

科学的植物配置不仅起到美化小品的作用，而且还可以完善小品的功能，例如廊架等服务小品能够以种植形成绿色的背景，边上种植攀援类植物攀爬其上，可以完善蔽荫的效果和功能，会使休

憩的人们感觉更加安全、舒适，如图 7-7 所示。还有如指示小品（导游图、指路标牌）旁边，种植几棵姿态特别的树，就可以突出指示标牌的位置，强化指示导游的作用，如图 7-8 所示。

图 7-7　植物与廊架配置透视效果

注：植物与现代廊架和谐地搭配在一起，为廊架提供了良好的绿化背景，弱化了景观小品的生硬线角，较好地丰富了景观小品的艺术构图，使廊架如同生长在绿地之中，为人们休息提供了良好的场所。

图 7-8　植物与展示小品配置透视效果

注：这是上海金茂大厦前的指示牌，大树为指示牌提供了良好的背景并突出了小品的视觉效果，使其指示作用更加突出，前面整形修剪的绿篱使指示牌与周边环境衔接更加自然。

第二节　服务小品的植物配置艺术

亭、廊、花架、张拉膜等服务设施具有装饰和服务的双重功能，植物配置也应同时考虑满足观赏和休闲的双重要求。以浓郁、成片的树林作为服务小品的背景或使其半隐于植物群落之中，比单独放在草坪或者铺装上要显得更加自然，对于游人来说也更具有亲和性和安全感，如图 7-9、图 7-10 所示。在很多城市公园中，常将生态气息浓厚的茅草亭置于丛丛竹林掩映之下，则具有别致的都市森林之野趣。

图 7-9　植物与花架配置透视效果

注：花架本身的造型很别致，其植物配置主要起到良好的背景作用，避免产生喧宾夺主的效果。

座椅是园林中分布最广、数量最多的小品之一，其主要功能是为游人提供休息、赏景的设施。从功能完善的角度来设计，座椅边的植物配置应该要做到夏可遮阴、冬不蔽日，所以座椅周边应该种植落叶大乔木，这样不仅可以带来阴凉，植物高大的树冠也能成为赏景的“遮光罩”，使透视远景效果更加明快清晰，也使休息者感到空间更加开阔。另外在进行植物配置时可以考虑多种座椅与植物景观有机的搭配形式，使座椅与环境能够更加自然的融合，如图 7-11 所示。

对于垃圾箱、厕所等园林小品，由于其本身的观赏性不高或是会散发难闻的味道，所以应该利用植物进行必要的遮挡，但同时还必须有适当的显露以免影响这些设施的使用，常用的方法是进行遮挡种植时露出小品的一角，或者在全部遮挡后以标志牌进行引导。例如，可以配合厕所的体量，在厕所入口前栽植几丛竹子，既起到较好的遮挡效果，又使游人能透过竹丛隐约看到后面的建筑，如图 7-12 所示。

图 7-10　植物与膜结构小品配置透视效果

注：白色的张拉膜结构后面是浓密的树丛，极好的突出了轻盈、别致的膜结构小品，远看宛如几只白鸽栖息于丛林之中。

图 7-11　植物与座椅配置透视效果

注：高大的乔木为休息座椅提供了遮阴作用，花坛和花池的搭配使座椅融入环境且保证了游客的舒适及安全感，形成一处园林化的休憩环境。

图 7-12 植物与厕所配置透视效果

注：厕所前运用了层次丰富的植物进行有效的遮挡，同时又露出部分建筑使游客能够清楚的定位，通向厕所的小路边应用了标志牌指明了建筑的功能，标志牌与植物的搭配也别具匠心。

第三节 装饰小品的植物配置艺术

装饰小品在园林中具有画龙点睛的作用，对于提升景观品质的效果是显而易见的。一件装饰作品原本是独立的，自身就具有完整的审美法则，但当它被摆放到城市绿地之中时，就由一个独立个体成为了总体的一部分，同时在一定程度上打破了其原先的法则，而产生了新的效果。装饰小品在园林中的地位有两种，植物配置也应根据其所处的地位进行针对性的设计。

1. 主导地位 在园林中占主导地位的装饰小品例如城市雕塑等往往具有重大的主题思想和深远的教育意义，它们通常都位于轴线的中间或地形的最高处，是整体环境的主角，其他园林元素都为它服务。

2. 辅助地位 装饰小品是造景的辅助手段之一，与其他元素诸如绿化、建筑、地形等共同形成园林中的景观节点或形成对景、障景、框景和借景等的必要元素。

城市象征雕塑的空间构成与造型往往象征时代精神和民族精神，表达人们美好的愿望，达到鞭策人们奋发进取、勇往直前和展现城市风貌的作用，在城市环境中处于当仁不让的主导地位。城市象征雕塑形状大都为简单几何元素的叠加，选用的材质一般具有金属光泽或色彩鲜艳，与绿化的自然色会产生强烈的对比，但这种对比若把握得当，会增加彼此的艺术感染力。绿化种植可以从离雕塑很远的地方就开始大面积色块的对比，直至延续到雕塑前，这样一下子就吸引住了人们的视线，产生引导、铺垫的效果，适当地把雕塑前的植物修剪成几何形状，会使雕塑与环境的空间感得到进一步的统一；在雕塑背后多以高大的乔木如银杏、悬铃木等作为背景，更能映衬出雕塑的造型之美，如图 7-13 所示。

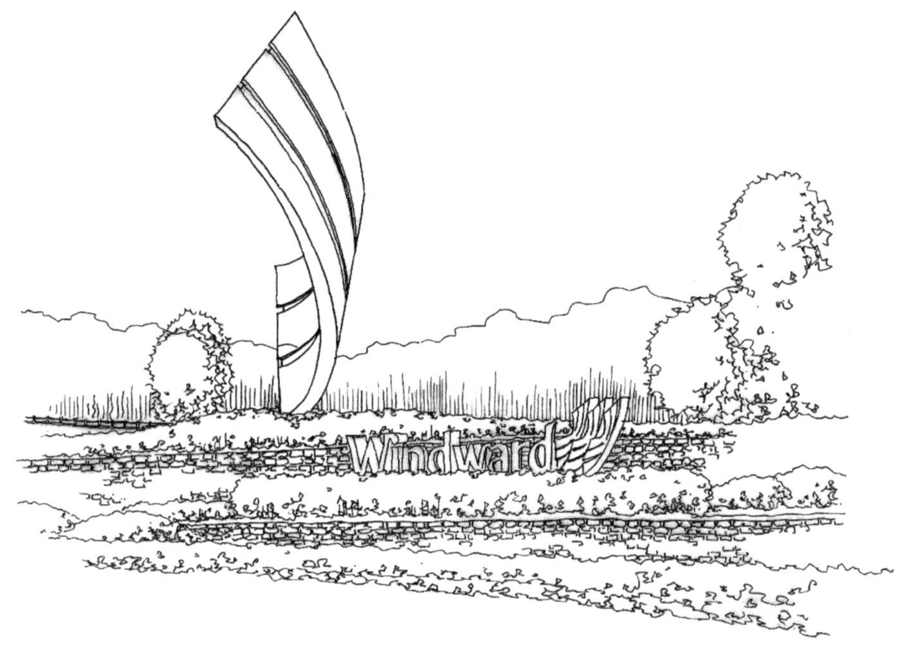

图 7-13　植物与雕塑配置透视效果

注：城市主题雕塑虽为简单的几何形，但其流畅的线形和夸张的体量使其本身极具艺术感染力，植物配置首先种植大量的乔木林形成了良好的背景，其次在雕塑前面种植修剪成几何形的绿篱，使雕塑前具有了协调的过渡空间。

处于主导地位的装饰小品，往往在其周围留出一定面积的地坪或草坪，就能使小品与绿化之间起到一种材质、层次、色彩上的过渡，如图 7-14、图 7-15 所示；又如对于道路交通岛中心的装饰小品，绿化可以它为中心，由低至高，层层扩展，并采用规则式的形式，形成人们感官上的空间中心，以强调其位置感和重要性。

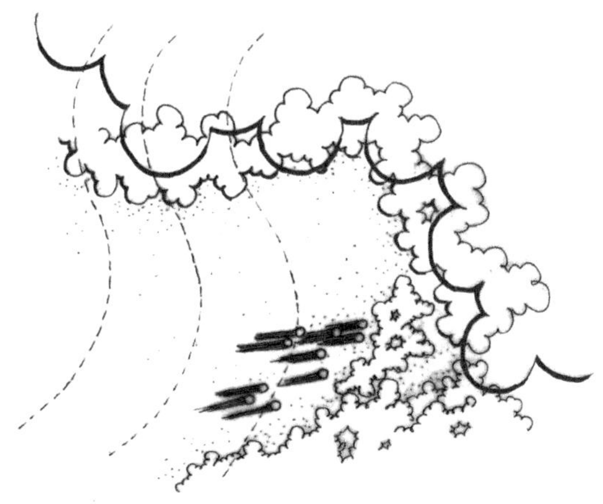

图 7-14　植物与装饰小品配置平面布置

大部分装饰小品在园林中处于从属地位，如多数园林雕塑及景墙、花池、装饰性栏杆等。这些装饰小品多以日常生活为题材，虽是一种纯艺术的装饰，但对美化城市会产生充满生活情趣的效果。它们的优势具体体现在贴近生活，更符合寻常百姓的审美观，因此它们与大型装饰小品如城市雕塑及主题雕塑相比更能给予人们亲切感。

装饰小品本身是一种艺术形式。虽然理解部分小品特别是抽象雕塑需要人们具有较高的艺术修养，但它们都能起到陶冶人们情操的作用，与绿化植物充满活力、传达给人们生命的信息有着异曲同工之妙，均完美体现了人与自然的和谐统一。把它平民化、生活化后，巧妙地与绿化、环境相结合，能够赋予绿化新的内涵，增加了绿化功能的附加值，迎合了人们的需要。这些小品的植物配置，最重要的是为其营造良好的环境氛围，以满足它们所要表达的主题需要。通常的设计手法是首先为其营造良好的背景，其次是注重前景植物的衬托和装饰功能，使装饰小品能够融于绿意盎然的环境之中，如图 7-16 所示。

景墙、栏杆等装饰性园林小品在进行植物配置时，常以高大的乔灌木搭配形成绿化的框架及背景，以低矮地被植物或整齐修剪的绿篱形成基础绿化，而以爬藤类自然攀援其上，这样不仅柔化、遮挡了景观小品的硬质棱角，而且与小品共同形成了特色景观，增添了自然之趣，如图 7-17 所示。

图 7-15　植物与装饰小品配置透视效果

注：高大的乔木形成了雕塑的背景，而前景植物则用低矮的花灌木来配置，使洁白的飞鸽雕塑好像从绿地中生长出来一样，雕塑的周围留出了适当距离的草坪，从而使雕塑与环境之间有了良好的过渡。

图 7-16　植物与雕塑配置透视效果

注：雕塑小广场以浓密的树丛为背景，另一侧设置几株花灌木作为前景植物，使人物雕塑完全融入了优美的植物景观氛围之中，而前景植物的框景作用则使雕塑成为构图和视线的焦点。

图 7-17　植物与景墙配置透视效果

注：现代景墙造型别致，而背景的园墙则形式单调，两者之间效果反差明显。因此景墙和园墙之间栽植了高大的常绿及落叶乔木，形成了景墙的绿色背景并丰富了园墙的立面效果，增加了空间及层次上的变化，使二者的关系和谐而自然。

第四节　展示小品的植物配置艺术

宣传栏、导游图、指路标牌、说明牌等展示小品分布于城市及绿地中的每一个角落，起到指引游览路线、宣传或介绍景点的作用，它们一般体量较小、造型精致美观。要使展示小品和谐地融入城市绿地的整体环境，除了小品本身需要艺术化的设计外观，植物配置也发挥了非常重要的作用。植物配置首先要满足功能上的需要如保证小品发挥良好的展示作用，可以通过标志种植强调小品的位置，或以密集的种植突出小品的形体或色彩，注意植物枝叶不要遮挡小品上的文字；其次是要注意基础种植和背景种植，使小品能够更好地融入整个环境之中。如图 7-18 ~ 图 7-20 所示。

图 7-18　植物与小品配置透视效果

注：展示小品造型现代、线形流畅，其植物配置注重了背景的统一性，使装饰小品更加突出，形成了类似雕塑的艺术效果。

图 7-19　展示小品与植物配置透视效果

注：浓密的植物背景使浅色现代的指示牌极为突出。

图 7-20　宣传栏与植物配置立面效果

注：高大的宣传栏本身形式比较简洁，植物配置为规则式以与其形体相呼应，层次丰富的种植弥补了硬质景观的生硬轮廓，使展示小品完美的融于环境之中。

第五节　照明小品的植物配置艺术

以照明功能为主的灯饰，在园林中是一项不可或缺的基础设施，对于丰富城市景观，特别是园林夜景具有极为重要的意义。照明小品种类繁多，常见的有路灯、庭院灯、特色柱灯、草坪灯、射灯等，由于其种类数量较多、分布较广，在位置选择上如果不考虑与其他园林要素的有机结合，不仅会影响绿地的整体园林效果，还会影响灯饰正常的照明功能。科学的植物配置设计，是解决灯饰和环境关系、提高景观品质、发挥小品正常功能的有效措施。

照明小品的植物配置，首先必须与灯具的总体设计相符合。例如规则式的广场绿地其灯具的分布大多也非常规则，因此植物配置可根据灯具的分布进行针对性的规则式设计，如图 7-21 所示。而对于自由式的园林绿地，庭院灯及草坪灯的分布一般为自由式布置，植物配置的形式也多为自然式。其次植物配置要与灯具的体量相适应，照明小品作为环境的必要构成元素，在体量上要力求与环境相适宜。而从相反角度考虑，在植物配置的时候，则要特别注意所选植物要突出或削弱灯具的体量。例如，在大型园林广场中经常设置巨型灯具，以达到较强的装饰效果，这种情况下灯具周围可以选用相对低矮的植物或整形的修剪绿篱，以突出灯具的装饰性地位且不影响其照明功能，如图 7-22 所示。而在林荫曲径旁，一般常设小型园灯，体量较小，造型也更精致，植物配置时最好为其设置统一的绿化背景，以衬托园灯的精美造型，如图 7-23 所示。最后植物配置不能影响小品的功能发挥。例如路灯周边不能种植太多的高大乔木，草坪灯周边不能种植密集的花灌木，水底灯的周边不能种满水生植物等，以避免影响各种照明及装饰作用。

图 7-21 植物与规则式灯具配置透视效果

注：规则式的乔灌木种植与流线形的灯具排布协调一致，具有极为优美的共同韵律。

图 7-22 植物与大型灯具配置透视效果

注：大型灯具的基座以整形绿篱进行绿化，使灯具宛如生长于环境之中，绿篱及地被与灯具是相同的节奏，从而使绿化与灯具的布置完美融合，注意两侧的大乔木与灯具的间距也应协调一致，且不会影响灯具的照明效果。

图 7-23 植物与小型灯具配置透视效果

注：以高大的乔木和密集的花灌木做背景，更加突出了造型草坪灯的小巧精致，灯具前为开敞的草坪，保证了草坪灯的正常照明效果。

图 7-24 植物与灯具配置透视效果

注：在建筑入口前设置了造型美观的路灯，与两行整齐栽植的大乔木有规律的间隔布置，一起构成入口景观的框架，突出了尽头的建筑，效果开敞而大气。

灯具的位置是影响种植设计的一个重要因素，植物配置必须根据其位置进行相应的设计。如主路旁规则式的路灯或庭院灯，应尽量等距种植行道树或规则式绿篱，并与灯具的间距取得一定的呼应，从而形成良好的韵律感，如图7-24所示。而散置的庭院灯、射灯及草坪灯等，最好设计在低矮的灌木丛中、高大的乔木下或者植物群落的边缘位置，既能起到一定的隐蔽作用又不会影响灯具的夜间照明。

为了营造特殊的灯光效果，可以在进行植物配置时特意设置孤赏树或树丛，在其下配置射灯。白天形成优美的植物景观，而夜晚则是晶莹剔透的夜景装饰效果，从而使日景和夜景效果达到完美的统一，如图7-25、图7-26所示。此外还可以在重要节点广场的乔木或高大灌木上缠绕成串的小型彩灯，夜幕降临时或灯光璀璨、或如繁星点点，具有极强的景观效果。

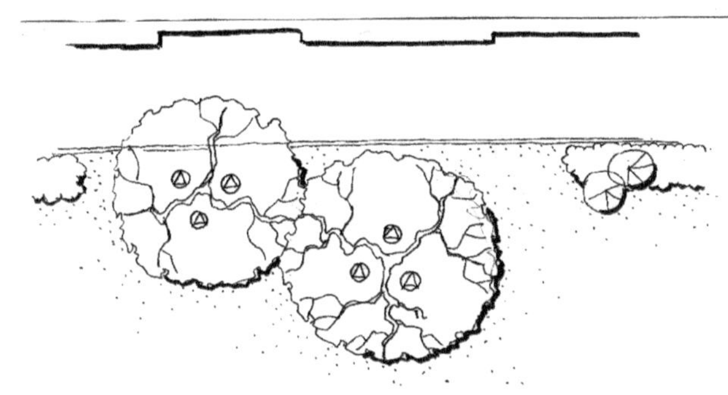

图7-25　植物与射灯配置平面布置

图7-26　植物与射灯配置透视效果

注：在独赏树下应用射灯，可以突出大树璀璨的夜景效果。

第八章

植物与石景

景石的种类多种多样、形态各异，在园林中的应用非常广泛，有很强的造景功能。它们多以本身的形体、质地、色彩及意境作为欣赏内容，既可孤赏、成组欣赏或做成假山园，也可砌作岸石、山石，或蹲配并结合地形半藏半露来造景。

景石无论是独立摆放还是与建筑、水体、植物、灯光相结合，都能创造出独具特色的园林景观。由于景石的自然属性，其与水体和植物的结合设计往往更富自然情趣。不同类型的景石与植物搭配可以表现出不同的特色，植物能加强景石的观赏效果，本身起到较好的陪衬作用，或是景石处于从属地位来丰富植物景观的艺术效果。

岩石园是园林中石景应用的一种典型形式，它以岩石及岩生植物为主，结合地形的营造和其他植物的选择应用，展示高山草甸、牧场、碎石陡坡、峰峦溪流等自然园林特征，景观别致生动，富有野趣。

第一节　景石与植物的配置艺术

（一）景石的类型

在中国古典园林中，按照构成材料可把假山分为土包石、石包土、土石相间三类；按照假山堆叠的形式分为仿云式、仿山式、仿生式、仿器式等类型；利用山石堆叠构成的山体形式有峰、峦、顶、岭、崮、岗、岩、崖、坞、谷、丘、壑、岫、洞、麓、台、栈道等；假山置石常见的种类有湖石类、黄石类、青石类、卵石类、剑石类、砂片石类等，如图 8-1 所示。

不同的景石具有不同的形态，恰到好处的植物配置，能够充分体现景石所要表现的观赏特征。例如太湖石旁常配置草本植物，以突显景石的古典之美；黄蜡石常与花叶良姜等草本植物相配置；英石常堆砌成假山，并与乡土植物相配置；花岗石常作为主景雕塑，植物配置起烘托的作用。通过科学的植物配置，能够充分体现景石的地域特点和造型风格。

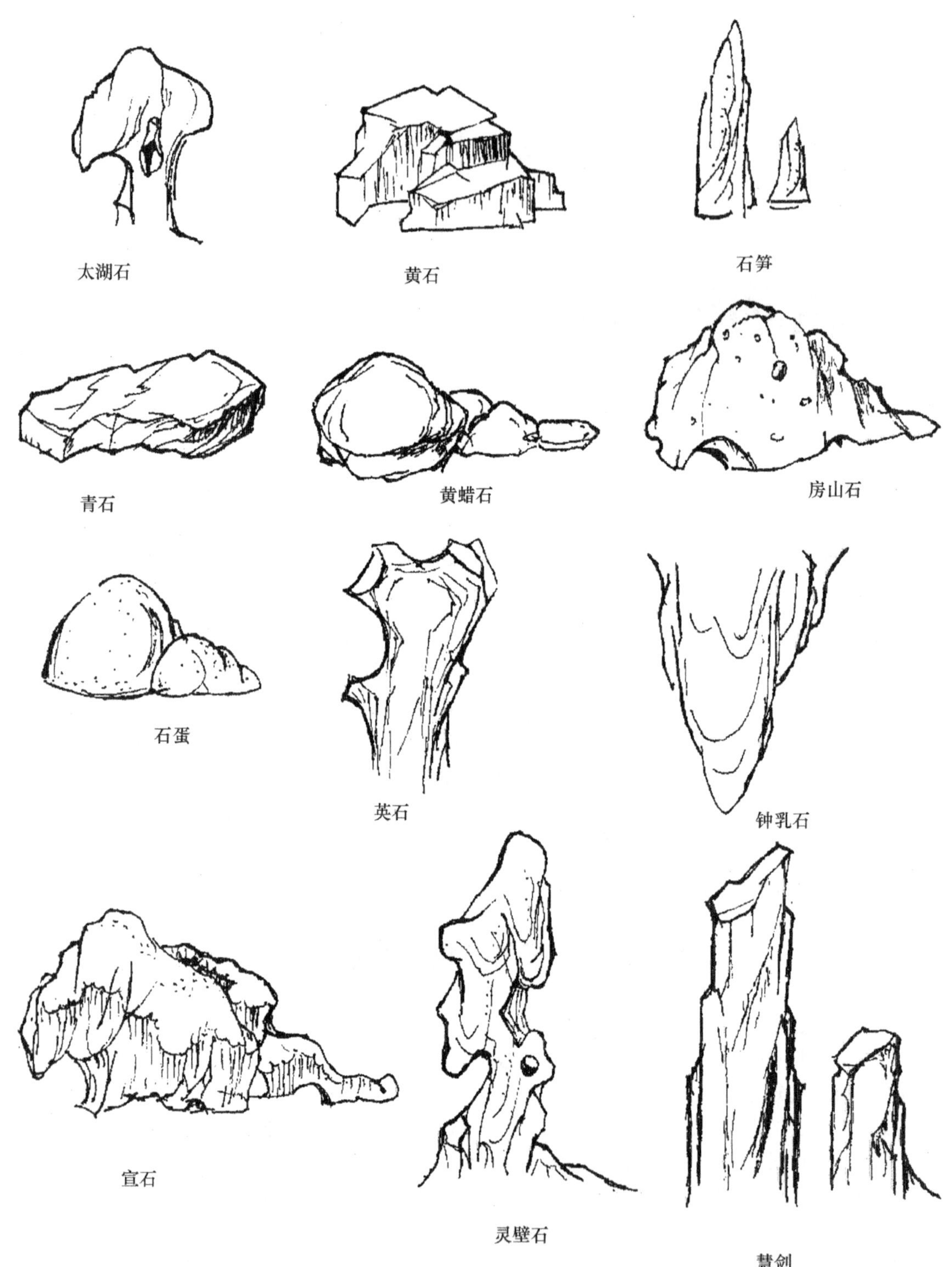

图 8-1　常见假山石的种类

园林设计中常常提到的“位置得宜”，就是说必须将一花一石安置得当，使它们恰到好处地表现出景观的灵性和源于自然的艺术特色。因此植物与山石的配置不仅要体现出景石的单体美及搭配后的整体美和自然美，还要注意形式与神韵、外观与内涵、景观与生态的统一性，让人们在欣赏和感受外在美的同时，能够领悟到独特的文化内涵，如图8-2～图8-6所示。

图 8-2　植物与石笋配置平面布置

（二）景石与植物配置

园林中的景石因具有形式美、意境美和神韵美而富有较高的审美价值，被称为“立体的画”、“无声的诗”。形态自然柔美的植物可以衬托景石的硬朗和气势，而景石之辅助点缀又可以让植物显得更加富有神韵。当植物与景石搭配营造景观时，不管表现的主体是景石还是植物，都要根据景石本身的特征和周边的具体环境，精心选择适宜植物的种类进行合理的配置。景石与植物的搭配方式，不外乎以下三种类型。

图 8-3　植物与石笋配置透视效果

注：竹子与石笋搭配能够恰如其分的体现其观赏特性，既具有优美的景观效果，又富于深刻的文化内涵。

图 8-4　植物与青石配置透视效果

注：五针松与青石的搭配，形成了丰富的立面变化，宛如一处优雅的盆景。

图 8-5　植物与黄蜡石配置平面布置

图 8-6　植物与黄蜡石配置透视效果

注：散尾葵，月桃及低矮的地被植物与黄蜡石和谐地搭配在一起，高低错落，层次丰富，形成一处视觉的景观焦点。

1. 植物为主、景石为辅——返璞归真、自然野趣　以景石为配景的植物配置可以充分展示植物群落形成的景观，设计主要以植物配置为主，景石作为园林中的一个辅助要素。例如大乔木与大而质朴的景石配置，会形成古朴苍劲及自然野趣的景观，如图 8-7 ~ 图 8-8 所示；园区步行道两侧常以翠竹林为景观主体，林边配置茂盛葱郁的阴生植物，结合镶嵌在植物之中参差错落、凹凸不平的成组块石，景观效果生动野趣，漫步其中，如置身郊野山林，让人充分领略大自然的山野气息；如在庭院一隅的紫薇、棕榈、杜鹃、肾蕨组成的植物群落中独具匠心地放置奇石，亦能构成一处精致的景观场景；利用宿根花卉或一、二年生花卉，栽植在树丛、绿篱、栏杆、绿地边缘、道路两旁、转角处以及建筑物前，以带状自然式混合栽种可形成花境，这样的仿自然植物群落再配以景石的镶嵌，会使景观更为协调稳定和亲近自然。

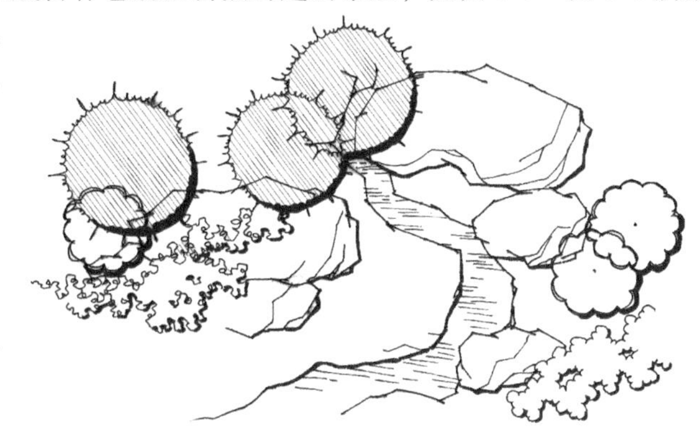

图 8-7　植物与石景配置平面布置

图 8-8　植物与石景配置透视效果

注：在几棵高大的油松前面放置巨石，前景配置体量较大的花灌木，尽显山林古朴之风。

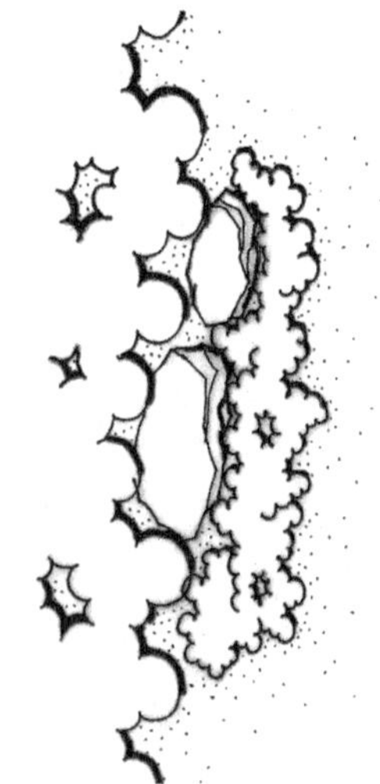

图 8-9　植物与石景配置平面布置

图 8-10　植物与石景配置透视效果

注：应用低矮的花灌木搭配在巨石周围，突出了巨石的体量感，使姿态独特的景石无可争议的成为景观的焦点。

2. 景石为主、植物为辅——层次分明、静中有动　具有特殊观赏价值的景石一般以表现石的形态、质地为主，不宜过多地配置体量较大的植物，可在石旁配置一、二株小乔木并结合多种低矮的灌木或草本植物诸如平枝荀子、迎春、沿阶草、马蔺等，如图 8-9、图 8-10 所示；为使景石能够与环境结合得更加自然，可以种植攀援植物如金银花、地锦、薜荔等对景石局部进行遮掩，或者将景石半埋于地下，以书带草或低矮花卉相配；溪涧旁的石块常植以各类水草，以增加自然之趣。

假山在园林中往往是观赏的主体，植物配置宜利用植物的造型、色彩等特色衬托山的姿态、质感和气势。植物多配植在半山腰或山脚，半山腰的植株体量宜小，形态要求盘曲苍劲，配植在山脚的则相对要高大一些。例如扬州个园的黄石假山，山间的石隙中种植苍翠的古柏，其坚挺的形态与山势取得调和，苍绿的枝叶又与褐黄的山石形成对比，而山脚的青枫姿态挺拔、清爽高挑，既增加了景深，又较好的突出了假山的主体地位。

景石还可与各种灌木配置，形成各种丰富的景石植物小景，如环境一角由几块奇石和植物成组配置是设计中常用的手法。景石需大小呼应，疏密有致，利用蒲苇、矮牵牛、秋海棠、南天竹、桃叶珊瑚等花境植物有机地组合在石块之间，形成参差错落、生动有致的效果。

3. 植物、山石的配置——因地制宜、相得益彰　在园林中，当景石与植物组织共同创造景观时，有时无法确定植物和景石谁处于主体位置，这时更要根据景石本身的特征和周边的具体环境，精心选择植物的种类、形态、高低大小以及不同植物之间的搭配形式，使景石和植物组织达到最自然、最美的园林效果，营造出丰富多彩、充满灵韵的和谐景观。

植物与山石相得益彰的配置方式常见的类型有岸边植物配置、岩石园植物配置、园林植

物与群石配置形式等。植物配置倾向于展现自然群落特征，结合特定的地形地貌，模仿自然、傍山叠石、石树相间，情趣盎然，如图 8-11 所示。

图 8-11　植物与石景配置透视效果

（三）古典园林和现代园林中景石与植物的配置特色

在传统的造园艺术中，堆山叠石占有十分重要的地位，无论是显赫的北方皇家园林，还是秀丽的江南私家园林，均有掇石为山的秀美景点。在古典园林中，经常在庭院的入口、庭院中心等视线集中的地方特置大块独立山石，在山石的周边常缀以形态丰富的植物，作为背景烘托或作为前置衬托，形成层次分明、静中有动的园林景观。这种以山石为主、植物为辅的配置方式因其主体突出，常作为园林中的障景、对景、框景等来划分空间，丰富层次，具有多重的造景功能，如图 8-12、图 8-13 所示。

苏州留园的冠云峰、瑞云峰和岫云峰坐落于鸳鸯厅一侧的院落中，集透、皱、瘦、漏于一体，具有极高的观赏价值。景石周围配置石榴、芭蕉、南天竹、枸杞等灌木，前植低矮的各色草花，植物花叶扶疏、姿态娟秀、苍翠如洗。在绿色的背景和前景的衬托下，湖石山峰高耸奇特、玲珑清秀，与周边植物一起共同形成了留园的象征。

古典园林中景石与植物的搭配，在漫长的应用历史中形成了深厚的文化内涵和意境。例如在扬州个园的月洞门之前，有一副粉墙为纸、竹石为画的画面，这里翠竹秀拔、绿荫宜人、石笋参差、搭配有情，能使人联想到雨后春笋生机勃勃的意境。

图 8-12　植物与景石配置立面效果

注：太湖石是园林中的主体景观，植物在景石的基部起衬托效果及作为景石的背景，旨在突出景石独特的观赏作用。

图 8-13　植物与景石配置透视效果

注：姿态高雅的太湖石是很多古典庭园中的镇园之宝，常常置于园林的中心，与建筑及各种植物搭配放置，具有极高的观赏价值。

与古典园林相比，现代园林选用的景石和摆放的方式发生了很大变化，更多地融入了追求简洁精练的风格。景石在较多应用湖石、黄石、英石的基础上会结合人工塑石或卵石等共同造景，与景石在古典园林中常占主体相比，在现代园林中更多的处于从属地位。

在现代园林中，简洁的设计风格赋予景石朴实归真的原始生态面貌，而植物配置则更多地采用植物群落的方式，以多层次的种植形成整体的绿化氛围，以低矮的草本植物或宿根花卉疏密有致地栽植在石头周围，使景石能真正融入绿色的环境之中，精巧而耐人寻味，深受人们的喜爱。

在现代的居住区绿地和公园内，景石也经常被安置于居住区的入口、公园某一个主景区、草坪的一角或轴线的焦点等形成醒目的点景，良好的植物景观则恰到好处地来辅助石头的点景功能。特别是部分景点会采用别致的设计手法，通过景石的特殊组合及植物的合理配置，形成独特的极具现代气息的景观节点，如图 8-14 所示。

图 8-14　植物与景石配置透视效果

注：巨石与乔灌木的搭配，营造出了一种神秘的远古的气氛，在居住区绿地中显示了现代的异域风情。

第二节　岩石园的植物配置艺术

一、岩石园简史及其发展应用概况

当前“生态园林”在城市的发展过程中得到了越来越多的推崇，它的目标是创造绿色自然、优美和谐、充满野趣的园林景观环境。在这样一个倡导“绿色、自然、生态、野趣”的宏大背景下，以赞扬自然、模拟自然、回归自然、推崇“自然美”的现代岩石园必然成为了当今生态园林的重要组成部分。

岩石园是以岩石及岩生植物为主，结合地形选择适当的沼泽、水生或其他类型植物，展示类似高山草甸、牧场、碎石陡坡、峰峦溪流等自然景观。岩石园在欧美各国常以专类园的形式出现，在岩石园的发展过程中，植物的选择及配置在其中起到了重要的推动作用。

在岩石园发展过程中形成了多种类型，其风格分为自然式、规则式和混合式，此外有墙园式及容器式等特殊类型。岩石园的常用设计手法是利用原有地形，模仿自然堆山叠石，植物配置则要做到花中有石、石中有花、沿坡起伏。远眺万紫千红、花团锦簇，近观则怪石嶙峋，高低错落，形成美丽的特色景观效果，如图 8-15 所示。

如何将景石与植物结合造景，充分利用我国丰富多彩的旱生植物、岩生植物、沼泽及水生植物，创造出具有中国特色的岩石园，对于当代园林绿化而言具有重要的意义。

图 8-15　层次丰富、景观优美的岩石园透视效果

二、岩石园植物的选择与配置

岩石园的植物配植多模拟高山园林植物景观。一般高山上温度低，风速大，空气湿度大，植物生长期短，多为灌丛草甸或高山无花草甸，这些优美的自然景观是我们进行岩石园植物配植时良好的素材。岩石园的植物配置，首先要选择几种植物作为优势种，形成较为壮观的色块效果，优势种的多少及面积的大小一般根据岩石园的规模来决定；其次在配植中要注意植物色彩、线条及高低错落的搭配，形成层次丰富的景观效果；再者要根据不同的生态环境，满足其对光照、土

图 8-16　岩石园水生区透视效果

注：岩石园水生区植物的配置，既满足了空间及层次的景观要求，又根据特定的环境条件进行针对性的配置，满足了其生态要求，具有独特的滨水特色。

壤湿度、盐碱性等方面的生态要求，因地制宜的配置喜阳、耐阴、耐潮湿、喜干旱的各种植物，如图 8-16 所示。在岩石园常用的植物中，喜光的种类有砂地柏、松属，蔷薇属等；耐阴的有矮紫杉、粗榧、绣线菊属等；喜阴湿的除蕨类、苔藓类外，还有秋海棠属、虎耳草属等。

岩石园中除将岩生植物配植在需要的位置外，为控制部分植物种类的任意蔓延，需在其他区域植以草坪。为进一步强调岩石园的自然外貌特征，在草坪上可配植各种宿根、球根花卉，模拟自然的高山草甸景观。

由于真正的高山植物难以忍受低海拔的环境条件，设计多选用貌似高山植物的灌木、多年生宿根、球根花卉来替代，植物应选择植株低矮、生长缓慢、节间短、叶片小、开花繁茂和色彩绚丽的种类。具体包括低矮的木本植物，多年生小球茎和小型宿根花卉及低矮的作为填充缝隙的一年生草本花卉等。

三、各类岩石园的植物配置

（一）规则式岩石园

规则式岩石园常建于街道两旁，建筑周边，花园的角隅及土山的阳面坡上，设计常采用台地式，形成一层层规则式的栽植床。主要栽植欣赏高山植物、岩生植物及各种低矮的观赏花木。这种形式的岩石园主要强调展示及装饰效果，可选择多种色彩艳丽的植物进行规则式栽植，如图 8-17 所示。

（二）自然式岩石园

自然式岩石园以展现类似高山的地形及植物景观为主，要尽量引种高山植物。园址要选择在向阳、开阔、空气流通之处，而不宜在墙下或林下。公园中的小岩石园由于面积所限，常选择在小型山丘的南坡或东坡。

自然式岩石园首先要进行丰富的地形设计，以满足植物生长所需的多种生态环境，满足其生长发育的需要并丰富景观层次。地形设计应模拟自然中的山峰、山脊、支脉、山谷，碎石坡和干涸的河床等，种植同样需借鉴相似地形中植物的分布、种类和高低错落的层次关系，使其能展示类似环境的神韵。岩石园还要利用好水景这一令人愉悦的景观元素，布置曲折蜿蜒的溪流、开阔的池塘与动态的跌水等，并尽量将水景与地形结合起来，使园林更具生气，形成多变的景观效果。设计要结合水景的特色进行相应的植物配置，使水体与地形与岩石的结合更加协调，整体呈现更为自然的外貌特征。

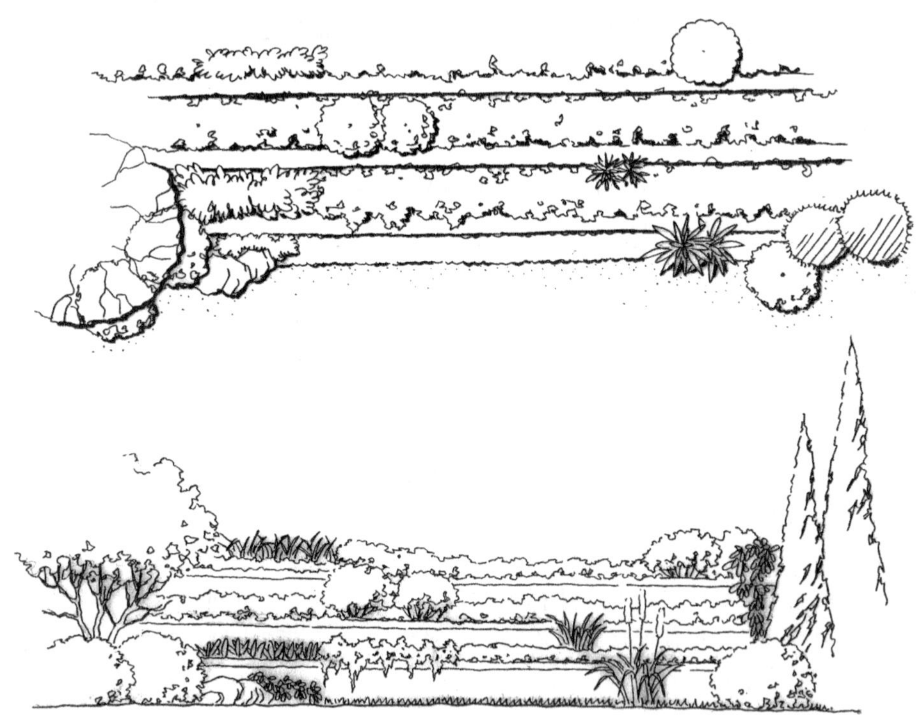

图 8-17　规则式岩石园植物配置平面布置及透视效果

注：注重了不同高度的种植池的植物搭配效果，在色彩、高度及植株形态上都要有丰富的变化。

岩石园内游览小径宜设计成柔和曲折的自然路线，小径上可铺设平坦的石块或块石碎片，在小径的边缘和石块间种植低矮植物，特意引导游客不按习惯步伐行走。这种小心翼翼避开植物，踩到石面上的游览方式更具自然野趣。同时也让游客感到岩石园中除了岩石及其阴影外，到处都是植物，如图 8-18、图 8-19 所示。

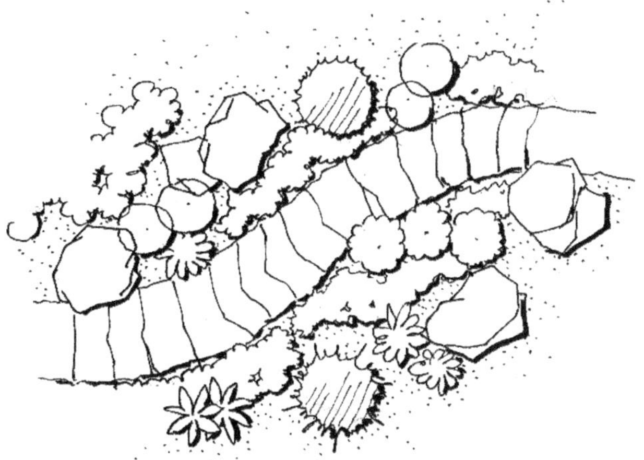

图 8-18　自由式岩石园植物配置平面布置

（三）混合式岩石园

在一些大型的岩石园中，由于要兼顾园区形象和多变的景观效果，因此常常设计成混合式。具体表现为入口区、重要节点和园区的轴线采用规则式，强化了整体的理性分区和装饰性效果；其他大部分区域采用自由式，符合了岩石园所模拟景观的特征。混合式岩石园，既使园区的空间形式更加

图 8-19　自由式岩石园植物配置透视效果

注：多种耐旱的宿根花卉及低矮花灌木，与质朴的山石、小路共同形成典型的岩石园景观。

有序多变，又能满足多种展示植物生长所需的生态环境，如图 8-20 所示。

（四）墙园式岩石园

这是一类特殊类型的岩石园，主要是利用各种挡土墙或分割空间的墙体缝隙种植各种岩生植物。建造墙园式岩石园需注意墙面不宜垂直，而要向护土方向倾斜，石块嵌入土壤固定时也要由外向内稍朝下倾斜，以便承接雨水，使石缝里能保持足够的水分供植物生长。石材以薄片状的石灰岩较为理想，既能提供岩生植物较多的生长缝隙，又有理想的色彩效果。石块之间的缝隙不宜过大，并用肥土填实，竖直方向的缝隙要错开，不能直上直下，以免墙面不坚固及土壤被雨水冲刷。

墙园里可种植多种类型的乔、灌木来形成丰富的立面效果及艳丽的色彩，特别是可多引用藤本植物来攀爬墙面、引用附生植物栽植在石墙的缝隙中，从而使岩石园更具特色，如图 8-21 所示。

图 8-20　混合式岩石园植物配置透视效果

注：较大型的岩石园的主要通道和轴线周围，可以适当应用规则式的设计手法，与周边整体的自然式景观形成对比，注意规则式轴线的植物配置同样要具有岩石园的种植特色。

（五）容器式微型岩石园

利用石槽或各种废弃的动物食槽、水槽、各种小水钵、石碗或陶瓷容器等进行种植，是岩石园的另一种形式，这种类型的景观极具趣味性。容器式岩石园的设计首先要选择大小不一、形式多样的容器进行别致的组合，形成高低变化、层次错落的效果。种植要注意根据设计的意图、容器的大小和深浅选择合适的植物，种植前必须在容器底部凿几个排水孔，然后用碎砖、碎石铺在底层以利排水，上面再填入生长所需的肥土，最后栽种岩生植物。这种种植方式小巧别致，可以灵活的移动布置，便于管理的简便和增强景观效果的多变性，如图 8-22所示。

图 8-21　墙园式岩石园植物配置平面布置及立面效果

注：矮墙前后设置种植池，种植多种色彩艳丽的岩生植物，使矮墙景观意趣盎然。

图 8-22　容器式微型岩石园植物配置平面布置及立面效果

注：通过别致的设计，产生了一处精巧的容器式岩石园景致。

第九章

立体绿化

立体绿化，是指充分利用空间优势，用植物进行绿化、美化环境的一种方式。具体表现为通过人工辅助作业，用园林植物改善建筑物墙壁、阳台、窗台、屋顶及其他各类建筑物表面效果，以增加城市的绿化面积。城市立体绿化可以弥补地面绿化的不足，在丰富建筑及植物景观、提高城市绿化覆盖率、改善生态环境等方面都发挥着重要的作用，如图 9-1 所示。

图 9-1 屋顶花园绿化透视效果

注：整个办公楼的一侧全部进行了立体绿化，犹如给建筑穿上了绿色的外衣，不仅具有了优美别致的外观，同时具有良好的生态效益。

第一节　屋顶绿化的植物配置

屋顶绿化与其他园林景观一样，主要是指利用山石、建筑小品、水体、地形和植物等，按照园林美的基本法则构成园林环境。屋顶绿化在立体绿化中占有十分重要的地位，随着建筑及人口密度的不断增长，屋顶绿化正在蓬勃发展，它不仅将建筑与植物更紧密地融为一体，丰富了建筑的美感，也为人们休憩提供了新的场所。由于屋顶绿化是在建筑顶部有限的范围内造园，受到许多特殊条件的制约，设计和建造过程与普通的园林景观有显著的差异。

一、屋顶绿化的特点

屋顶绿化除遵循通用的园林景观设计理论技术外，涉及建筑结构承重、屋顶防水排水构造、植物生态特性、种植技巧等多项有别于露地造园的技术难题。屋顶花园建设成功的关键措施是减轻屋顶荷载、解决防水排水问题、改良种植土及科学的植物配置。为解决屋顶的承重问题，屋顶花园中一般不设置大规模的自然山水、景石、廊架等；地形处理上尽量以平地为主，可根据屋顶的承重相应设计部分起伏的微地形，以满足种植的需要和景观的层次变化，如图9-2所示；水池一般为浅水池，并多用喷泉来丰富水景；种植土常选择重量较轻的蛭石等材料，既有良好的排水及保水性，又能够有效地减轻屋顶的荷载。屋顶花园的设计及建造应以植物造景为主，以最大程度的发挥生态效益并创造绿色的景观氛围，因此植物配置在屋顶花园的建造中起着十分重要的作用。

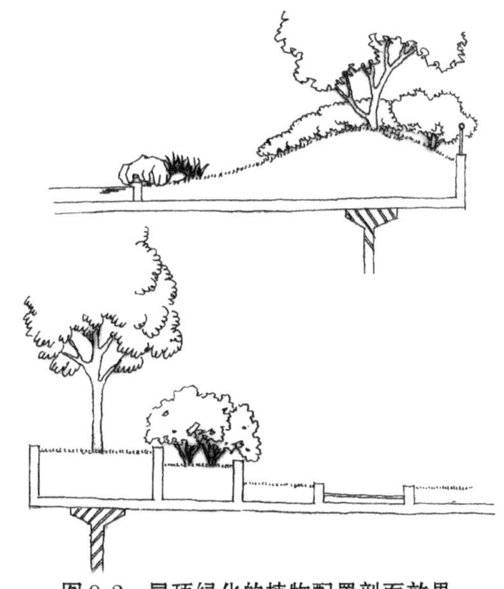

图9-2　屋顶绿化的植物配置剖面效果

注：屋顶花园的设计需特别注意承重的问题及植物生长所需的基本条件。可根据承重的大小相应设置种植池或微地形以满足不同花木的种植，如图所示在下面是柱子承重较大的区域设置了较深的土层。不同的土壤深度配置不同规格的植物，营造多层次的植物景观。

屋顶花园往往处于较高位置，风力比较大，光照时间长、昼夜温差大、湿度小，同时由于屋顶花园土层薄、土壤含水量少，因此植物配置时要选择喜光，耐寒、耐热、耐旱、耐瘠薄，生命力旺盛的花草树木。最好使用须根较多、水平根系发达、能适应浅薄土层的树种，尽量避免选用高大有主根的乔木，如确因造景需要应用较大的乔木，其位置应设计在承重柱和主墙所在的位置而不要在屋面板上，并且还要采取加固措施以保护乔木的正常生长。由于屋顶花园较少应用乔木，而灌木和草本花卉较多，所以设计时更要特别注意植物的高矮疏密、错落有致及和谐、合理的色彩搭配，如图9-3所示。

图 9-3　屋顶花园绿化透视效果

注：屋顶花园的植物配置要特别注意承重的问题，该设计在中间设置较开阔的场地也是充分考虑了中间承重低的要求，但在周边承重较高处却种植了多种高低错落的植物以形成良好的围合效果和多变的景观层次。

我国南方地区气候温暖、空气湿度较大，所以有多种浅根性、树姿轻盈秀美，花、叶观赏性高的植物种类可以配置于屋顶花园中。如果屋顶绿化以常绿草坪打底，结合种类丰富、层次错落的花卉和花灌木，其观赏效果更佳。北方地区冬季严寒，屋顶薄薄的土层很容易冻透，植物越冬困难，而早春的旱风在土壤解冻前易将植物吹干致死，因此实施屋顶绿化的困难较大，故宜选用抗旱、耐寒的草坪、宿根、球根花卉以及乡土花灌木进行造景，也可采用盆栽、桶栽植物的方式，便于冬天移至室内保护。

二、屋顶绿化的布局

屋顶花园相对于地面的公园、游园等绿地来讲面积较小，必须精心设计，才能取得较为理想的艺术效果。屋顶花园的设计与其他园林绿地设计的原理是一脉相承的，形式上可分为自然式、规则式和混合式三种，其植物配置也要与设计布局协调一致。

（一）自然式布局

自然式屋顶绿化除园林空间的组织、地形地物的处理以自由式布局外，植物配置均以自然的手法，以求一种整体的自然园林效果。总体设计追求植物的自然形态与建筑、山水、小品的协调配合关系；植物配置讲究树木花卉的季相变化和色彩组合，形态上注重高低搭配，形成丰富的层次和富于变化的植物轮廓线，空间上进行疏密有致的设计以强调步移景异的景观，如图 9-4 所示。

图 9-4　自然式屋顶绿化鸟瞰效果

注：自然式的屋顶花园设计，展现了自由生态之美，在建筑顶部形成了一处心旷神怡的世外桃源。

（二）规则式布局

规则式布局注重装饰性的植物景观效果，强调动态与秩序的变化。在植物配置上形成规则的、有层次的、交替的组合，表现出庄重、典雅、宏大的气氛。多采用不同色彩的植物进行搭配，园林效果更为醒目。在规则式布局中，常常结合修剪式植物图案配合点缀精巧的小品，使不大的屋顶空间变为景观丰富、视野开阔的区域，如图 9-5 所示。

（三）混合式布局

对于面积较大的屋顶花园，常常采用混合式的设计手法。植物配置迎合整体空间的布局形式，注重自然与规则的协调与统一，以追求园林景观形式的共融性。混合式屋顶花园同时具备自然与规则式的景观特点，又都自成一体，其空间构成在点的变化中形成多样的统一。这种屋顶花园不强调植物景观的连续，而更多地注重不同景观个性的紧密结合和良好过渡，如图 9-6、图 9-7 所示。

图 9-5　规则式屋顶花园鸟瞰效果

注：该屋顶花园的面积较小，采用了规则式的设计手法，花园周边设计了绿色的植物屏障形成了良好的景观氛围，中心以铺装为主周边结合绿化布置了休憩座椅，满足了人们休憩活动的需要。

图 9-6　混合式屋顶花园鸟瞰效果

注：屋顶花园中心为规则式的水景形成景观焦点，周边的道路及绿化为规则式与自由式相结合形成混合式的总体布局，形成了不同特色的景观空间。

图 9-7　混合式屋顶花园局部透视效果

注：规则式的水景空间融于周边规则式与自由式的植物空间氛围之中，形成了独具特色的屋顶花园景观。

三、不同类型屋顶花园的植物配置

不同类型建筑的屋顶花园具有不同的使用功能，因此在进行屋顶花园的植物景观设计时，应该根据不同花园的使用性质，注重以人为本，充分考虑人的心理和人的行为的宗旨，进行针对性的设计。另外，还应该充分地把地方文化和特色文化融入园林景观中，创造一个源于自然而高于自然的园林环境。

（一）公共游憩性屋顶花园

由于这种形式的屋顶花园是一种集活动、游乐为一体的公共场所，因此除保证绿化效益外，还要在设计上充分考虑到它的公共性。在植物配置、出入口、园路、布局、小品设置等方面要注意符合人们活动、休息等需要。种植设计应以草坪、小灌木及花卉为主，尽量将园中设置的座椅及景观小品掩映在绿色的植物景观之中。

建在宾馆、酒店等的屋顶花园，已成为豪华宾馆招揽顾客，提供室外活动的特色场所，可以开办露天歌舞会、冷饮茶座等。这类屋顶花园因活动要求需摆放较多的设施，因而花园的布局应以简洁、开敞为主，保证有较大的活动空间，一般在场地的周边设置水景或精美的小品结合典雅的植物配置来设计建造，植物的选择以高档、芳香的种类为主，如图 9-8 所示。

（二）专用休闲式屋顶小花园植物配置

多层式阶梯式住宅公寓的出现，使屋顶花园进入了普通家庭。这类花园一般较少设置小品，主要以植物配置为主。由于该类花园面积较小，可以充分利用空间作垂直绿化，或进行一些趣味性种植，领略淳朴的田园景观氛围。具体方法可以选择在楼顶平台砌花池栽植浅根性花草，或搭建棚架种植葡萄、丝瓜、牵牛花等藤本植物，既可降低顶层温度，又提供了休闲场所。华南某些屋顶花园的廊架常爬满炮仗花丛，无花时犹如乡间茅舍充满田园情趣，开花时则繁花似锦，更丰富了建筑的色彩。

另一类专用休闲式屋顶小花园为公司写字楼的楼顶。这类小花园主要作为接待客人、洽谈业务、员工休息的场所，应结合布置精美小品如小水景、小藤架，小凉亭等，或反映公司精神的微型雕塑、小型壁画等，有序种植一些较名贵的植物以衬托景观小品并提升景观品质，如图 9-9 所示。

图 9-8　游憩性屋顶花园局部平面布置及透视效果

注：屋顶花园的一角设置小型叠水、景石及座椅等设施，周边配置观赏价值较高的各种植物，景观元素及层次比较丰富，具有较高的景观效果。中心区为较大面积的铺装区，可满足部分宾客的室外活动要求。

（三）科研、生产用屋顶花园的植物配置

以科研、生产为目的的屋顶花园，可以设置小型温室，用于引种、培育珍奇植物品种以及观赏植物、盆栽瓜果，既有绿化效益，又有一定的经济收入。这类花园的设置一般应有必要的养护设施，而且绿化区和人行道多为规则式布局，植物配置也应符合总体布局，形成规则的、整体有序的种植区或间隔设置的种植池，如图 9-10 所示。

图 9-9　专用休闲式屋顶花园植物配置透视图

注：简单的廊架配以藤本植物，结合小型桌椅的设置，满足了简单的休憩要求。通过设置摆花、置石等及低矮的观赏花木的栽植，加强了景观效果。

图 9-10　科研式屋顶花园植物配置透视图

注：屋顶花园以规则式的种植池方式错落布置，留出适当的铺装区便于管理，在创造经济效益的同时又兼顾了观赏性。

第二节　其他类型立体绿化的植物配置

一、墙面绿化

只要条件允许，各种建筑物表面及墙体等都应进行垂直绿化。在墙体的两侧，可以栽植具有吸附、攀援性质的植物，可起到遮阴、覆盖墙面、改善环境的作用，形成苍翠欲滴的绿色屏幕，如图 9-11 所示。

粗糙质地的建筑墙面适宜用粗壮的藤本植物如紫藤等来美化，但对于质地细腻的瓷砖、马赛克及较精细的耐火砖墙等，则应选择纤细的攀援植物如扶芳藤、茑罗等来美化。除进行普通的墙面绿化之外，还可以进行一些特别的设计管理，使墙面绿化独具特色。如通过特殊的修剪及搭支架等辅助措施，使藤本植物桉一定的方向及图案生长，成为美观的墙面艺术。

图 9-11　墙面绿化透视效果

注：墙面绿化可以丰富建筑的立面效果，并且增加绿化的生态效益。

二、围栏绿化

城市环境中起防护或装饰作用的大量栏杆和围墙，也是立体绿化的一个重要组成部分。围栏根据使用目的的不同，其形式和植物配置的方法也不同。围栏一般包括精巧的铁艺围栏或朴拙的混凝土及木质栏杆，它们可用藤本月季、金银花、牵牛花等藤本植物来装饰。对于景观较好的庭院，一般会采用通透性较高的铁艺围栏以使游人能欣赏到园内的美丽景观，因此就不能有太多的植物阻挡人们的视线，如图 9-12 所示。而对于较高围栏特别是混凝土围墙等，由于本身观赏性不高，所以应该应用较多的攀援植物以起到有效的遮挡作用和装饰作用，如图 9-13 所示。

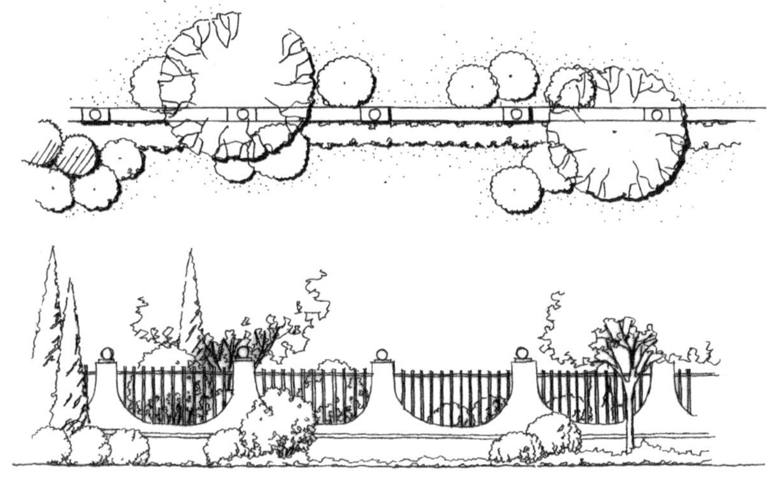

图 9-12 围栏植物配置平面布置及立面效果

注：由于园内的景观优美，应用了较为通透的铁艺围栏，围栏外种植少量的植物进行点缀，既不遮挡游人的视线，又兼顾了围栏内外的景观渗透及协调效果。

图 9-13 围墙植物配置立面效果

注：现代城市中有大量的混凝土墙或砖墙，整体效果非常单调，使用攀援植物进行绿化，不仅能够美化环境，而且可以增加生态效益。该街道一侧高大的围墙被攀援植物全部遮挡起来，形成了壮观的绿墙。

三、阳台绿化

阳台绿化不仅可以装饰建筑的外立面，美化环境增加绿量，更重要的是能在居室中营造一处舒适的绿化环境。绿化可以选择在窗台、阳台上设置简单的种植池及格架，栽植诸如牵牛花、绿萝之类姿态轻盈的藤本植物，或者在阳台上摆放盆栽的花卉植物。简洁的绿化就能营造浓浓绿意，体现出自然气息，形成了舒适的绿色家居，如图 9-14 所示。

图 9-14　阳台绿化植物配置平面布置及立面效果

注：在阳台一角进行巧妙的景观处理，极大装饰了建筑立面，也使室内景观独具特色。

四、桥体、桥柱绿化

城市立体交通的发展产生了大量的立交桥，使桥体绿化成为立体绿化的另一个重要组成部分。在立交桥桥体两侧设置种植槽或垂挂吊篮，栽植一些地锦、扶芳藤等绿色爬蔓植物，不仅可以美化桥体，而且能增加绿视率，起到吸尘、降噪的作用；而在桥柱的周边，同样也以种植大量的攀援植物使之攀爬其上，美化桥柱及桥体的同时增加了生态效益，如图 9-15 所示。

图 9-15　立交桥绿化植物配置透视效果

注：此立交桥一是运用了攀援植物来绿化桥柱及桥体，二是桥体两侧应用种植池栽植了花卉和攀援植物，三是在桥下应用了耐阴植物，四是对桥体周围环境进行了层次丰富的绿化。从而将整个桥体融入绿色氛围之中。

第十章

园林植物配置的步骤及实例分析

植物配置，是从总体规划开始到具体场景设计的一个完整、有序的过程，它贯穿于具体项目从概念、方案到最后施工图设计乃至施工配合的所有阶段，甚至包括施工完成后根据需要进行的持续的局部调整。植物配置不应该是在其他规划完成后的修补工作，而是在总体规划阶段，就与其他规划内容如建筑布局、景观空间等相结合进行的，彼此之间应该有良好的联系。进行一个项目的植物配置，必须遵循合理的步骤和方法，不同设计阶段的侧重点不同，各个阶段之间要有良好的衔接，前一个阶段是后一个阶段的基础。

本章以中国华北地区某城市公共绿地及某高档居住区的景观设计及种植设计为例，阐述了园林植物配置的基本步骤及各个步骤需要考虑的设计原则及具体的配置理论。

一、明确基地基本情况，做出设计前期分析

在正式的植物景观设计之前，首先要进行基地实地踏勘，同时收集有关资料，这些资料包括①所处地区的气候条件，如气温、光照、季风风向等和水文、地质土壤情况等（酸碱性、地下水位）。②周围环境，如主要道路，车流、人流方向等。③基地内环境，湖泊、河流、水渠分布状况，各处地形标高、走向等。还要根据不同项目的性质和立地条件等进行针对性的分析，项目规模、所处地域、周边环境、服务主体不同，都会影响绿地植物空间规划、设计立意、造景的风格等问题。不同的项目对植物配置有不同的要求，植物景观所承担的主要功能也不一样，如市政广场或主题公园强调的是展示和游览功能，隔离绿地强调的是生态及防护功能，而居住区绿化则服务于居民的各种综合性的要求。因此设计前的分析，能够明确项目的重要设计原则，使建成后的植物景观发挥最佳的功能要求。

本章举例的公共绿地位于两条城市主路的节点和已建成居住区之间，因此分析该绿地的

功能，主要有三个方面：一是美化城市景观，增加生态效益为市民提供一处优美的具有显著生态功能的观赏绿地；二是具有防护、隔离的作用，是居住区和市政主路之间的防护绿地；三是满足部分邻近居民的休憩活动。根据该绿地的功能性要求，设计要求以植物景观为主，同时结合少量的景观小品，在表现四季植物景观特色、形成城市绿洲的同时，能够包涵一定的时代主题。同时该绿地还要具备屏蔽交通噪声、净化空气、防风挡尘的生态功能。由于该城市位于华北地区，因此植物景观的总体风格表现为简洁、大气、豪放，以强调四季分明的植物景观风貌为主要观赏特色。

二、立意，明确设计的主题

园林植物空间的创作就是结合地形、地貌条件利用植物进行空间划分，以此创造出某种景观效果或特殊的环境气氛。这种创作同其他艺术创作一样需要立意在先。而不同的园林形式决定了不同的立意方式。园林绿化不同于植树造林，选择植物材料要依据其形态、色彩、风韵和芳香等特色营造特殊的主题氛围，并保证内容与形式的统一，使观赏者在寓情于景、触景生情的同时，达到情景交融的园林艺术效果。

植物立意应根据特殊环境形成相应主题。例如，高地或高台宜形成秋景，体现秋季登高望远或秋高气爽之意，植物材料多以秋色叶落叶乔木为主，以红、黄颜色寓秋实，又兼秋风落叶示意时序轮回；在洼地或湿地之处则宜形成夏景，植物材料以高大浓荫的落叶乔木和常绿乔、灌木为主，来营造浓荫、繁茂的夏季景观，进而吸引蛙、蝉或飞鸟、鸣禽栖息，便可以形成“蛙声悠扬”或“蝉噪林愈静”的意境，在城市中形成田园风光；在地形多变处，可以形成春景，遍植各类开花灌木，花开时节姹紫嫣红，凸显生机勃勃、山花烂漫的春意。

该绿地位于现代化的繁荣市区，因此设计表达了以积极进取精神为主题的时尚理念。由于绿地为长折线形，观赏距离比较长，设计将绿地分为五个观赏区域并赋予不同的主题，分别为幽林听泉、玉溪春色、城市绿韵、百舸争流和层林尽染，如图 10-1 所示。但是，要表现蕴涵文化内涵的精神和城市风貌，只靠植物景观是难以做到的，因此设计中在不同的区域分别设置了不同的小品以加强主题寓意，并在绿地转角处设置主题雕塑来表达总体的设计立意。

三、总体规划

种植总体规划应以生态学、风景园林美学理论为指导，以地区自然地理和植被条件、城市园林绿化植物应用历史及现状、园林植物城市生态适应性的调查和引种驯化成果为依据，结合项目的实际要求来进行。总体规划阶段一般以分析图、平面图及立面图为主，设计要注意植物空间的规划、平面构图上林缘线及立面构图上林冠线的变化、景观的主要和次要观赏面以及景观轴线的设置等核心问题。总体规划阶段还要包括项目的设计说明部分，内容涵盖前期分析、设计立意、规划依据、总体设计原则、规划应用的主要树种及相应的设计指标等

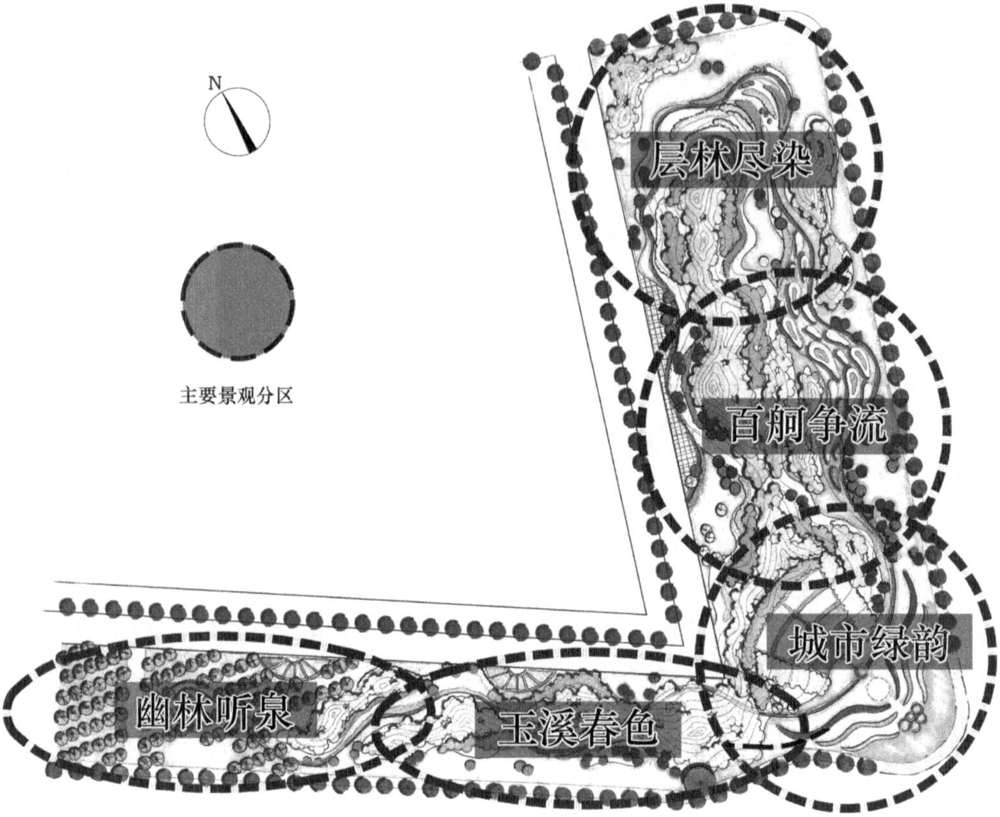

图 10-1 立意分析

文字概述。

总体规划应以自然植物景观群落为蓝本、以群落中所蕴涵的植物生态学法则为指导，促进城市自然群落的形成。以多类型的混合生境创造为基础，利用自然环境异质性模拟潜在植被，并顺应进展演替规律，使整体景观能够可持续性发展。植物群落外部形态特征由群落的高度、天际线、林缘线和季相变化决定。大乔木可以营造高大的植物群落，空间上以高低错落的树木构成自然变化的天际线。平面上优美曲折的群落林缘常由鲜艳的花卉、灌木、小乔木组成，使林缘线显得亮丽多彩。群落的外貌对境观的规划非常重要，设计时应有障有敞、有透有露、有疏有密、有张有弛，富有季相和色相变化。

根据对该绿地进行的前期分析、景观立意等研究，形成了绿地的总体布局和主题定位及大的空间和竖向关系，具体设计成果如图 10-2 ~ 图 10-5 所示。

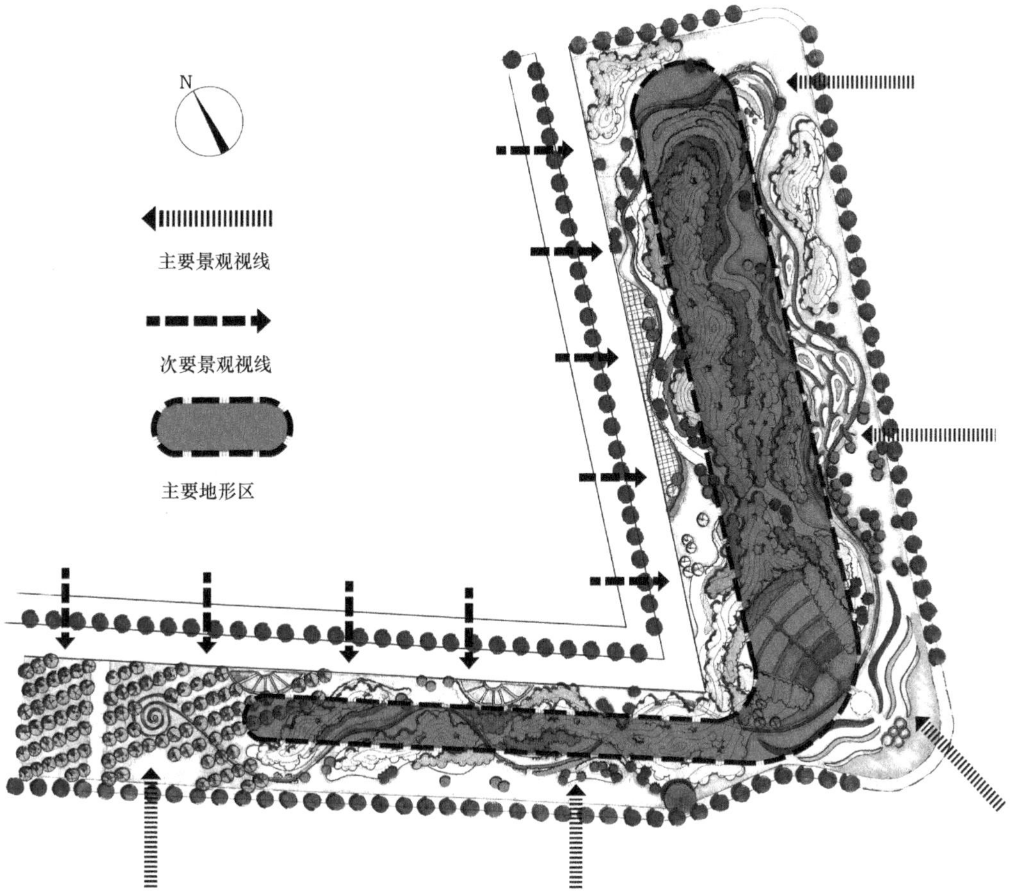

N

主要景观视线

次要景观视线

主要地形区

图 10-2　平面分析

注：该绿地的主要观赏视线来自于主路行人，因此面向主路的一侧是植物景观的重点表现区域，另一侧居住区为次要表现区域，考虑到该侧要满足居民的适当休息需要，所以需设置小型的广场休息区。从景观层次及生态效益上来考虑，适宜在绿地靠近居住区的一侧设置微地形，结合浓密的种植，为主要观赏面留出良好的背景并能有效阻隔来自主路的喧嚣。

四、组团设计及场景设计

组团设计是总体规划完成后特定区域的景观设计。组团设计的植物配置，是应用植物材料结合该景区的造景要求进行设计，其目的是营造出与该景区相符合的氛围，使植物配置与总体设计相得益彰。组团设计包括分区平面图、立面图及局部鸟瞰图、透视图等内容，其中平面图、立面图应表现出主要的群落结构、群落植物布局以及主要树群的应用树种等。鸟瞰图或透视图以显示植物配置的气氛为主，同时显示出植物的不同层次以及所强调的主要观赏点的景色，确认主要植物的形态符合实际的配置设计。

组团中的植物配置可能是由几个不同的群落组成，也可能是由一个群落组成。它们是组成组团场景的基本的植物结构，在配置时需要进行详细的分析，以确定选择的树种及其搭配的结构符合要求。群落结构的设计，重在遵从生态原则，模拟地带性植物群落的结构特征，从而改变单一物种密植的做法，在合适的生境构建适宜的复层群落结构。

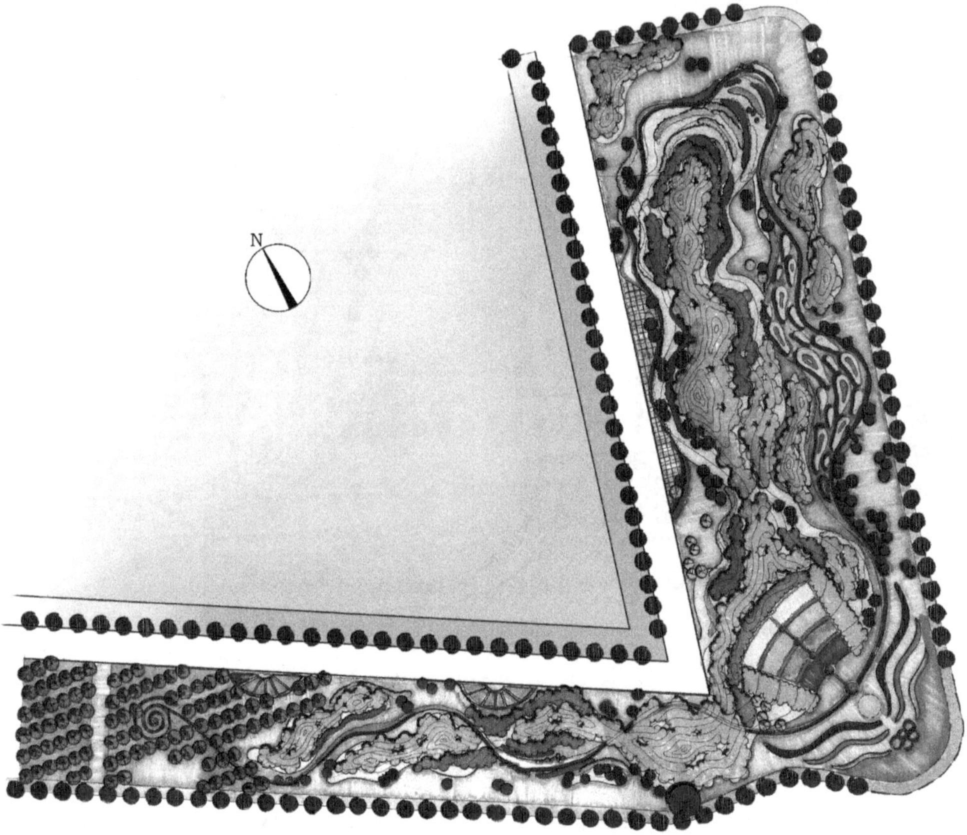

图 10-3　绿地规划设计总平面布置

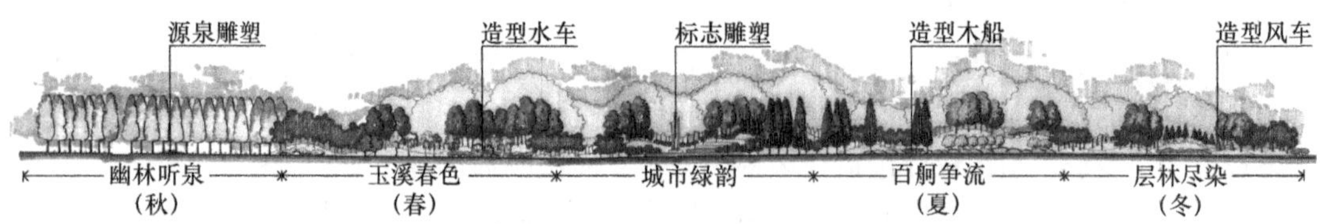

图 10-4　绿地展开立面效果

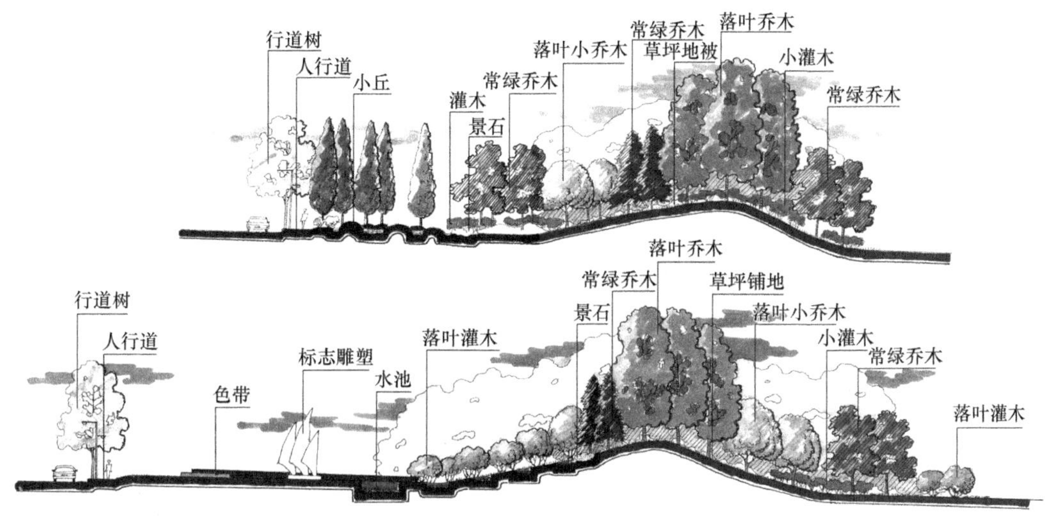

图 10-5　绿地纵向剖面效果

此外，作为对设计效果最直观展现的场景设计在规划中非常重要，因为任何景观设计最后都要落实到具体的场景设计上，不同的景观场景构成了整体的植物布局。在园林空间中，无论是以植物为主景或植物与其他园林要素共同构成主景，在植物种类的选择、数量的确定、位置的安排和方式的采取上都应强调主体，做到主次分明，以表现园林空间景观的特色和风格。景观区域的每一个场景都需要经过详细的设计，才能使植物配置的整体效果得以最终实现。当然，没有必要画出所有场景的透视图，但是所有的场景都需要经过分析。每一个重要的场景起码都要以草图的形式进行推敲，以确定最佳的方案，如图 10-6、图 10-7 所示。在方案汇报的准备过程中，要选择有代表性的场景区画出其透视图，以清楚地表现场景建成后的实际

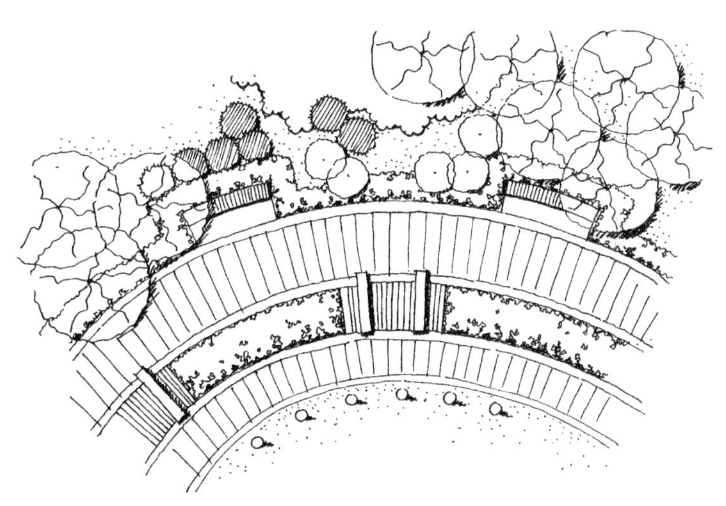

图 10-6　植物配置平面草图布置示意

图 10-7　植物配置透视草图效果

注：这是一张广场植物景观设计草图。其设计的意图，如对植物的层次、形态及搭配方式的表现一目了然。园林景观设计师应该具备这种基本的设计及思维表达能力。

效果，对比较重要的场景，还需要从几个不同方向来分别表现其透视效果。

组团及场景设计平面图应包括树种的选择及详细的布局。透视图应尽可能表现出树种特性，如树形、质地等基本特征及配置的方式。在进行种植设计时，还应该考虑到建成后的效果，包括近期和远期，特别是成熟期的景观效果。

该项目进行到方案阶段，对组团及具体场景都进行了详细的图示。如总体规划所示，该设计将绿地分为 5 个较大的组团及若干相应主题性场景。分区设计或以乔木为主，或以水生植物为主，或表达湿地植物景观效果，或以修剪形绿带为主，或以山地植物景观为主。每个组团或场景都表达了不同的植物景观特色，如图 10-8 ~ 图 10-23 所示，为不同主题区的典型绿化场景的平面、立面及透视效果。

图 10-8 “幽林听泉”组团景观平面布置

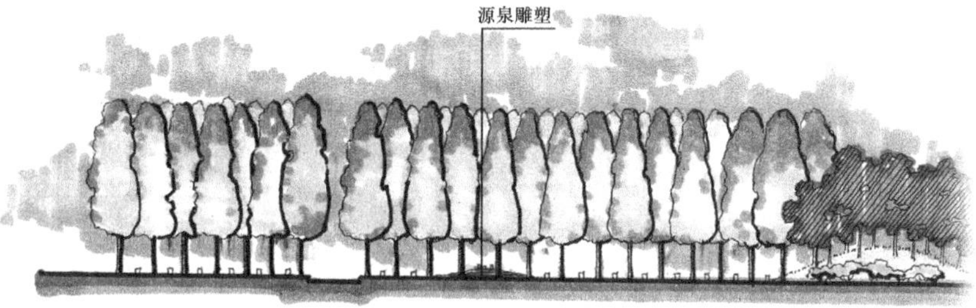

图 10-9 “幽林听泉”组团景观立面效果

图 10-10 “幽林听泉”组团景观透视效果

注：此组团主要表达的是秋景效果，植物选择以银杏为主。密植的大乔木营造出幽静的气氛，火红的主题雕塑在秋季与金黄的银杏叶会形成鲜明的对比。

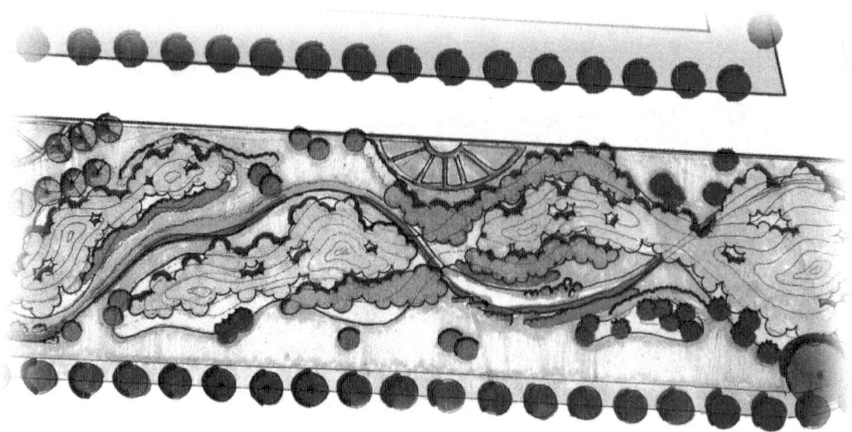

图 10-11 “玉溪春色”组团景观平面布置

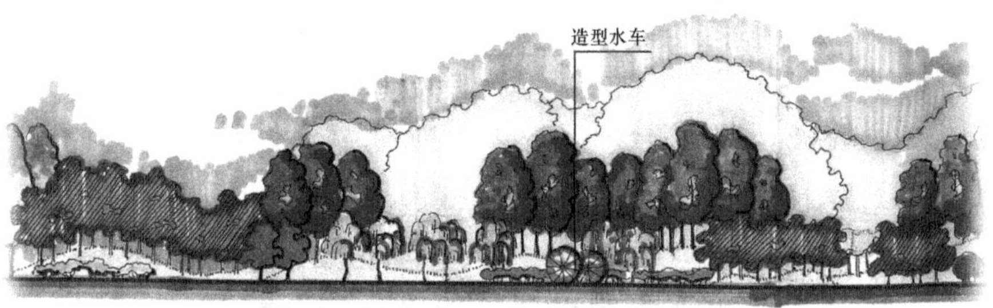

图 10-12 “玉溪春色”组团景观立面效果

图 10-13 “玉溪春色”组团景观透视效果

注：此组团主要表现的是春景效果，植物选择以垂柳及春天开花的灌木为主，从而能够较好地营造出春天的气息，造型水车小品则形成了视觉的焦点。

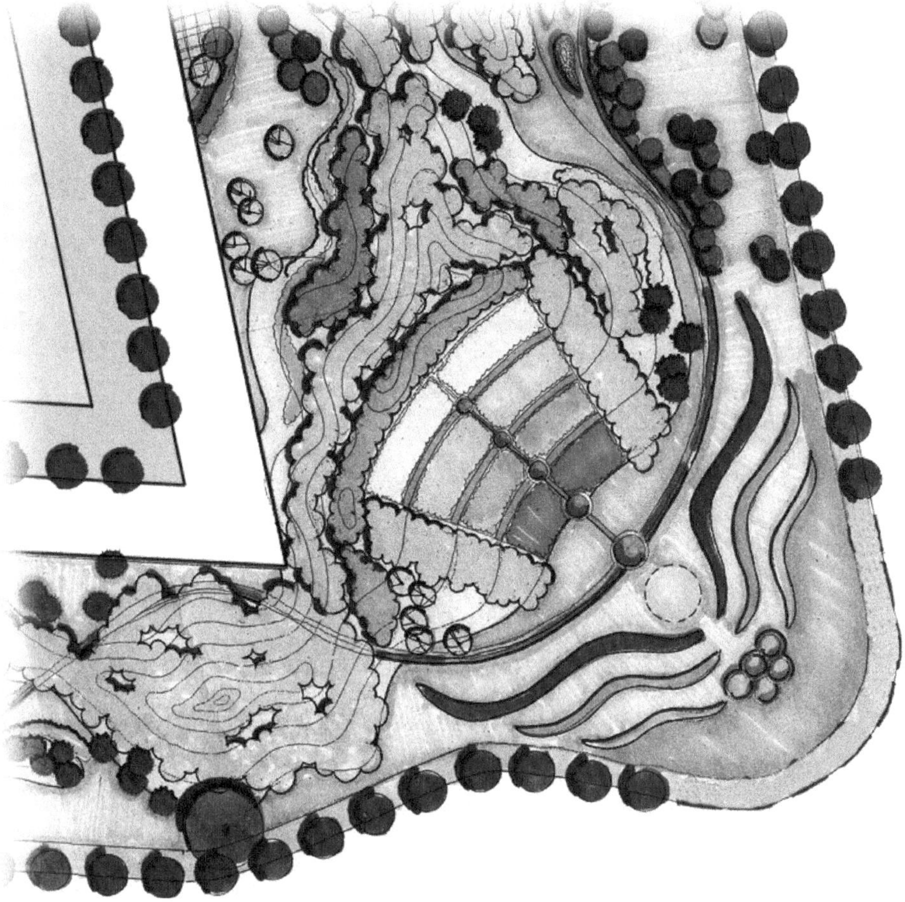

图 10-14 “城市绿韵”组团景观平面布置

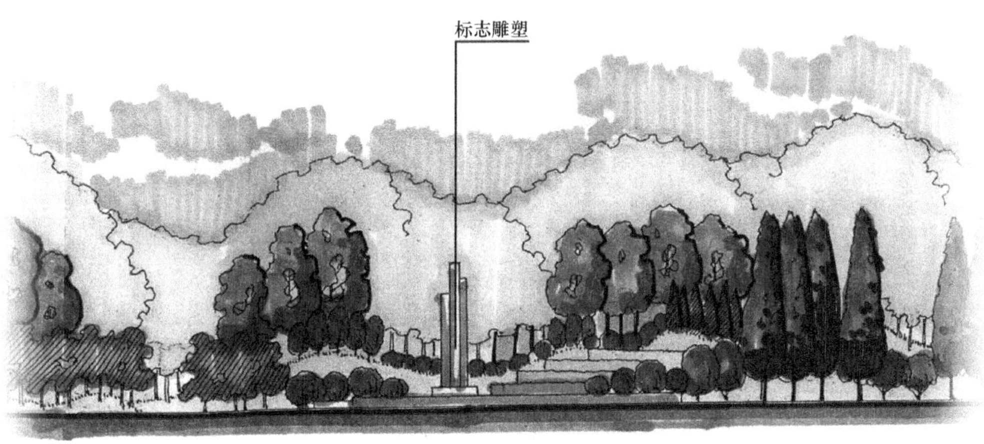

图 10-15 “城市绿韵”组团景观立面效果

图 10-16 “城市绿韵”组团景观透视效果

注：此组团位于道路的转角，为观赏视线的焦点，因此设计以标志性雕塑强调绿化的主题立意。后面为整形修剪的色带，以增强装饰气氛，成片的乔木栽植为雕塑提供了常绿的背景。由于该区域以常绿树及造型色带为主体，因此四季的景观效果都非常美丽。

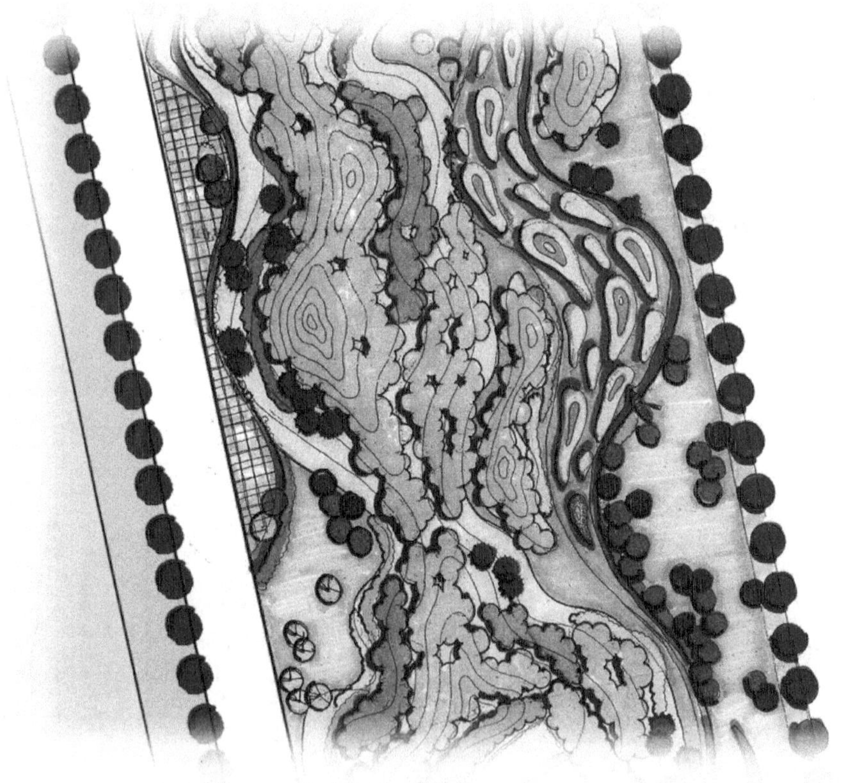

图 10-17 “百舸争流”组团景观平面布置

图 10-18 “百舸争流” 组团景观立面效果

图 10-19 “百舸争流” 植物配置透视效果（一）

图 10-20 “百舸争流” 植物配置透视效果（二）

注：该组团主要表现夏季植物及水生植物景观特色。以树形挺拔的乔木构成绿化的框架，以造型船点出景观的主题立意，搭配夏季开花的乔木及各种花灌木，营造出浓浓的夏季风情。

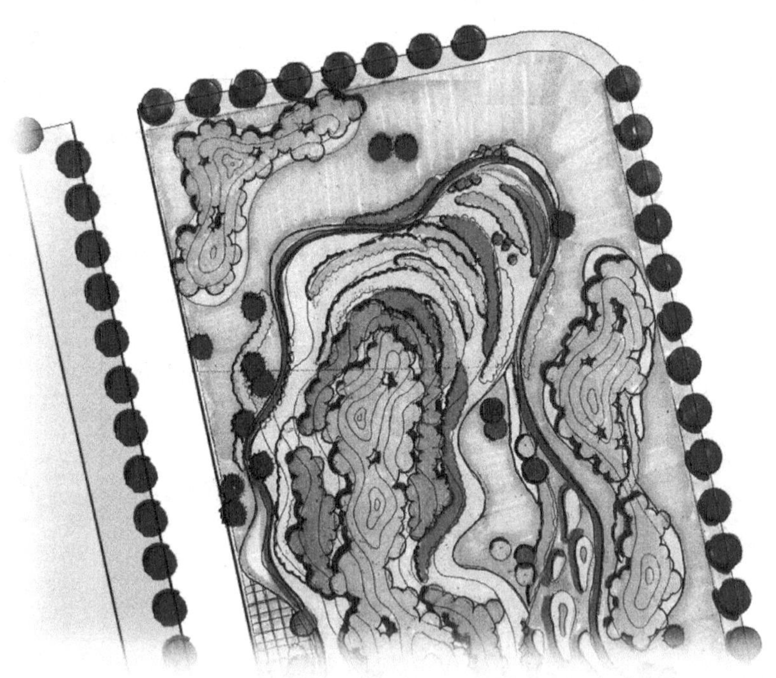

图 10-21 “层林尽染” 植物配置平面布置

图 10-22 “层林尽染” 组团景观立面效果

图 10-23 “层林尽染” 植物配置透视效果

注：以造型风车点景，风车前配置高大的乔木，从而使视线能够透过林中空地清楚地看见景观的主景。此景设计种植了较多的常绿植物为背景以突出冬季景观效果。风车周围的灌木配置使其如同生长在自然环境之中。

五、综合实例解析

现代景观设计，往往包含了从空间整体规划布局到建筑小品、水体、地形、道路、石景等的单项设计，展现了各园林要素与植物配置彼此间的综合关系。因此植物配置的范围不仅

仅限于单纯的植物造景，而是应该与总体景观规划相协调，贯穿于从设计概念形成到施工图与硬质景观设计的每一个阶段及每一个场景之中。以下案例为一小型居住区中心庭院的实际景观设计项目，该庭院几乎涉及了景观项目中的所有主要元素。希望通过对该项目进行综合解析，阐述一个综合项目中植物配置在各个阶段的工作任务及相应的设计原则及具体方法，能够将植物配置的理论系统地展示出来。

该项目位于我国北方某省会城市，项目位于四条城市道路之间。居住区客户定位为城市年轻白领，为迎合年轻人的时尚心态，建筑的形式为简欧式。为了最大程度地利用场地、满足容积率的要求并增加景观的品质，总体建筑规划为围合式，即高层建筑和临街商铺将中心庭院围合成一块完整的中心绿地，给景观规划预留了良好的基础条件。甲方对该项目非常重视，对于景观方案的设计虽然要求较高，但是并没有予以太多的限制，这就给景观设计提供了较大的、自由发挥的空间。

由于该项目中的居住建筑都为高层建筑，居住者在很大程度上都处在由高点向下观景的位置，即形成高视点景观。因此，设计不但要考虑地面景观序列需沿水平方向展开，同时还要充分考虑垂直方面的景观序列和特有的视觉效果。既要满足居民在近处的观赏及休闲要求，又要注意居民在居室中从空中俯瞰的艺术效果。

经过对现代年轻人的审美特点和园林设计发展的趋势进行了综合的分析，项目确定总体的景观风格为时尚现代、自由开放的特色。总体设计采用图案布局和自由布局相结合的方式，图案布局具有明显的轴线、对称关系和几何形状，由基地上的道路、花卉、绿化种植及硬铺装等组合而成，突出韵律及节奏感。自由布局无明显的轴线和几何图案，通过基地上的园路、绿化种植、水面等组成，突出场地的自然化。设计首先确定了两条重要的轴线，一是庭院主入口到西侧尽端中心人防出入口之间的主轴线，二是小区次入口与主轴线垂直的副轴线。轴线确定之后再根据场地的空间状况等确定了几大主要景观空间，并对之进行了明确的功能定位。最后根据已确定的总体布局、建筑附属设施位置、居民的使用需求、视线的分析等进一步确定了次要景观空间节点、交通道路的分布及走向等。

实际项目的主题定位、空间布局、交通及视线的设计与分析是植物景观设计的必要前提。同时植物配置的理念也贯穿于整个景观设计之中，两者是息息相关、不可分离的关系，如图 10-24、图 10-25 所示，为项目的交通分析及视线分析。由于该书阐述的主要是植物配置的内容，因此对于该项目的设计主题形成、景观空间及框架的设计过程和依据不作详细的论述。

完成了轴线确定、景观空间划分和定位、道路系统设计后，就是总平面方案和具体的场景设计。总平面方案和场景设计的过程，是种植设计和景观设计在除了上述的轴线、景观空间和道路系统的规划设计之外，其他方面的一个协同设计的过程，总平面方案的布局要更多地强调面，即色块和色调的对比。色块由草坪色、水面色、铺地色、植物覆盖色等组成，相互之间需搭配合理，并以大色块为主，色块轮廓尽可能清晰。这个阶段双方需要共同反复推敲，才能确定最终较为合理的方案，如图 10-26 所示。最终方案不仅需要平面图的绘制，还需

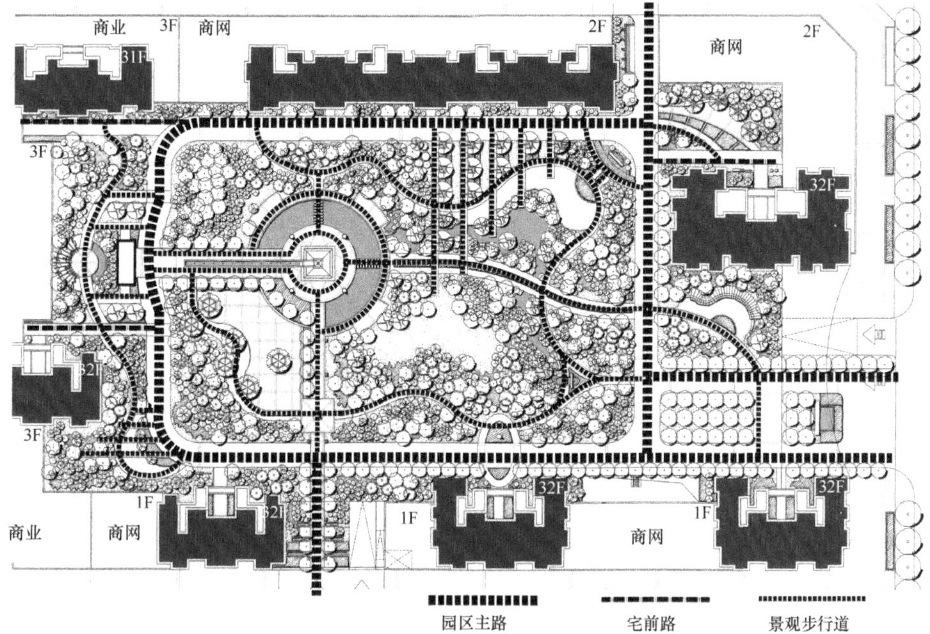

图 10-24　项目交通分析

注：交通流线的走向决定了居民的游览路线，不同的交通空间其种植设计的着重点也不一样，例如，主路区强调的是整齐宏伟的气势，而景观路线区则强调步移景异的景观特色。

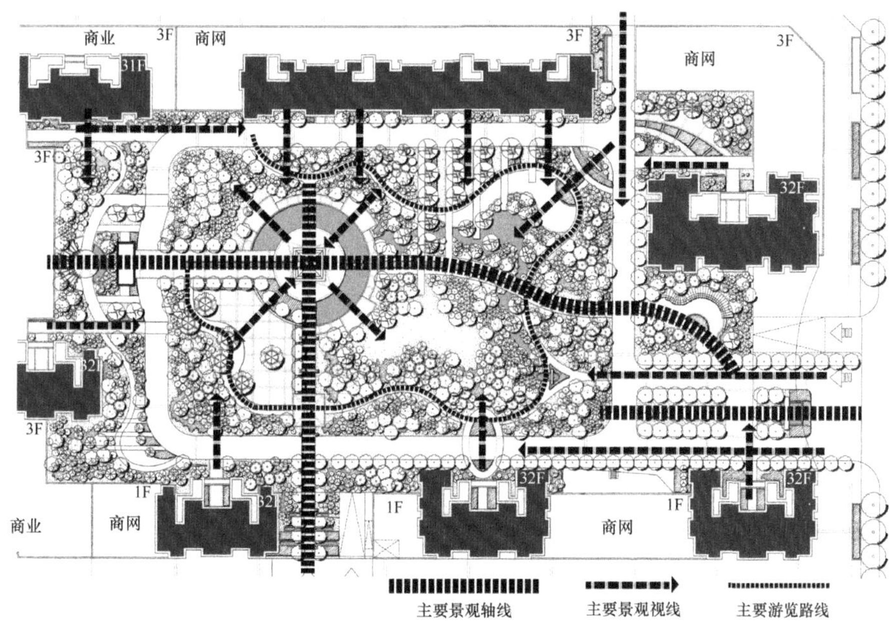

图 10-25　项目轴线及视线分析

注：轴线及视线的等级决定了景观设计着力点的程度和主要表现的景观特色，轴线及视线的对景处也是景观设计的主要关注点。例如，主要轴线区往往为规则式的种植设计，主要视线焦点需要进行重点设计，主要游览路线则需根据视线的变化进行相应的种植设计。

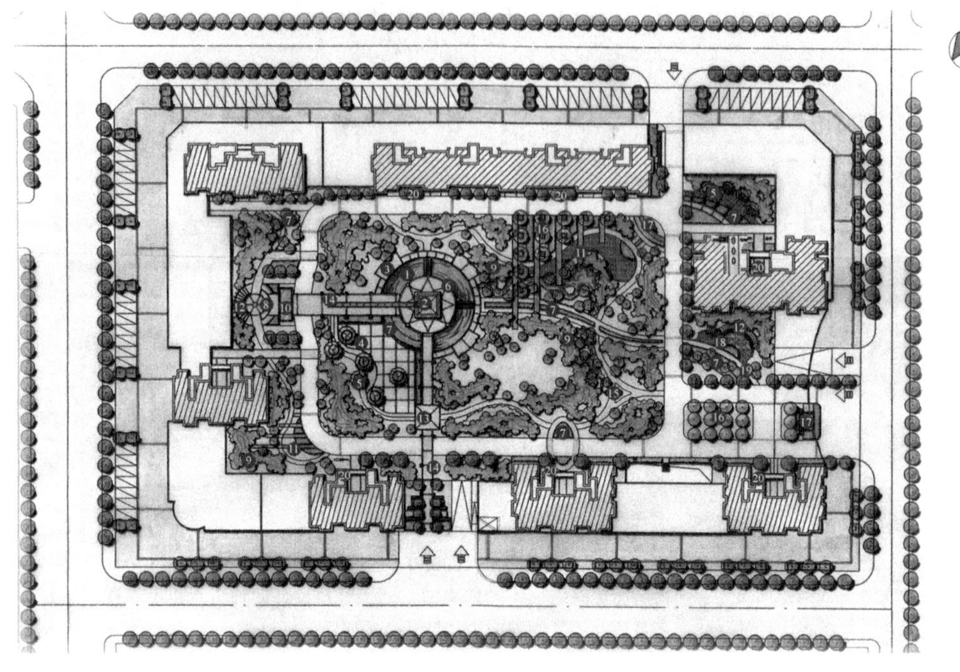

图 10-26　项目方案设计总平面

注：方案总平面是景观设计的综合表达，对景观分区、交通流线、风格特色及种植布局特色等各方面都已经有了明确的表达。

1—景观水池　2—景观亭子　3—休息平台　4—下沉广场　5—树池座椅　6—喷水雕塑　7—花卉色带　8—游戏沙坑　9—群落式种植带　10—地下人防出入口　11—木栈道　12—景观廊架　13—主题雕塑　14—特色景观柱　15—特色水景　16—树阵广场　17—特色水景墙　18—休闲广场　19—景观散步道　20—单元入口

要总体的鸟瞰图以使甲方对设计的总体效果有一个直观的印象，同时还需要绘制精确的场地剖面来展示竖向上的变化，如图 10-27、图 10-28 所示。

植物配置在方案阶段的内容一是要确定总体种植风格和各场景特色，二是要确定主要的种植方式。具体设计需要遵循以下的原则：首先根据景观分区的特色进行种植的总体规划，种植设计要符合各分区的实际功能要求，形成独特的种植特色，如季相变化特征和主题植物景观。其次要通过种植设计进一步丰富景区的空间变化，景观植物搭配要突出疏密之间的对比，树群式种植和散点布置相结合，形成“密不插针，疏可跑马”的丰富的空间变化。再次要根据交通路线和视线变化的要求进行针对性的设计，充分利用框景、透景、夹景、对景等艺术手法和孤植、对植、丛植、群植等具体配置方法，形成步移景异的植物景观变化。最后要根据特定的景观特色进行针对性的设计考虑，如水面在高视点设计中占重要地位，由于只能在高点上才能看到水体的全貌或水池的优美造型，因而除了要对水池和泳池的底部色彩和图案进行精心的艺术处理外，在水池周边不能种植太多高大的乔木以免影响水池的形状，以充分发挥水的光感和动感，给人以意境之美。

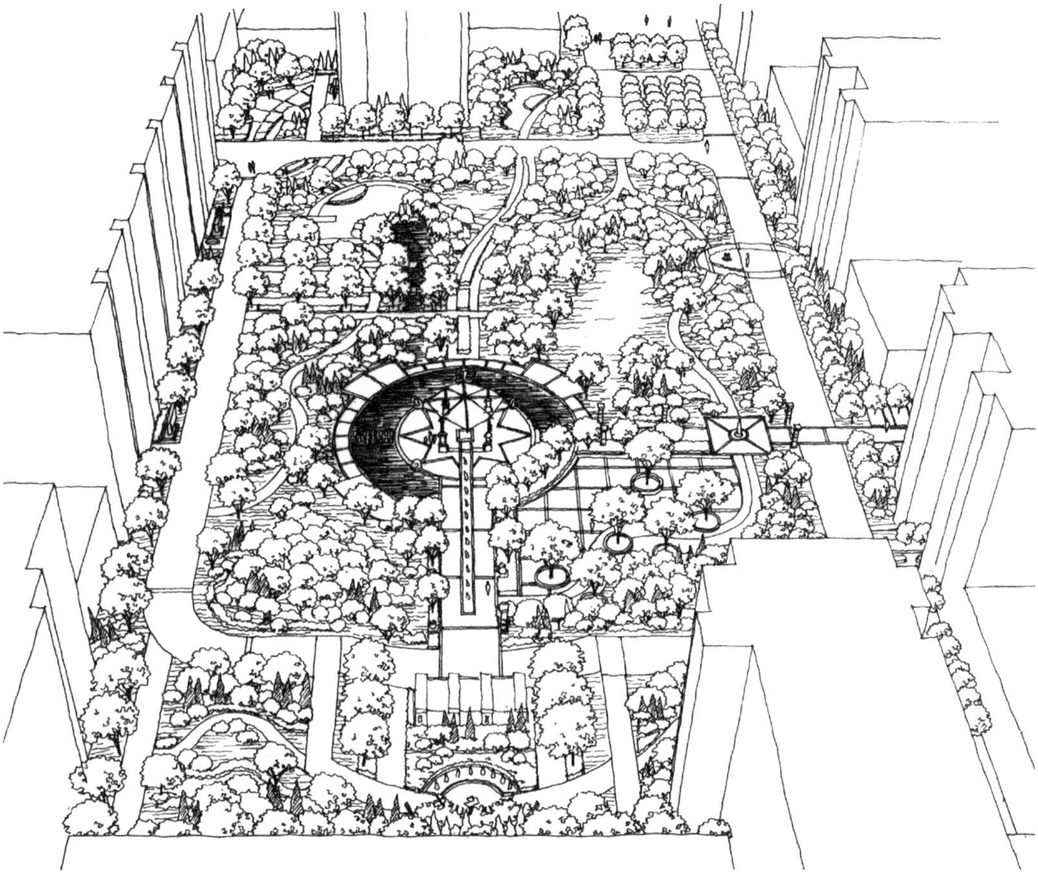

图 10-27　场地总体鸟瞰图

注：总体鸟瞰图是景观设计的主要展示成果之一，方便甲方直观地感受场地的空间布局及总体的景观效果。

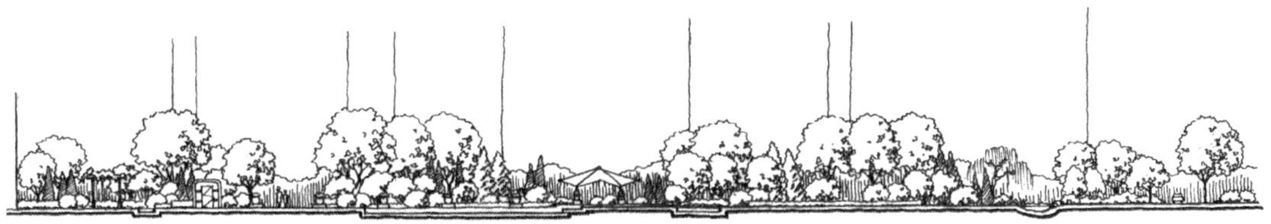

图 10-28　场地设计剖面示意

注：剖面明示了场地主轴线方向的竖向变化，即地形变化、水池、水系的高差变化及结合种植后的总体的竖向变化。

如图 10-29 所示，种植规划将绿地分为七种景观空间，不同的景观空间要体现不同的种植特色。中心景观区主要强调开敞规整的气势，以种植强调规则式的轴线并衬托特色景亭及规则式的水景空间。此区域要表现四季景观特色，同时结合花钵等小品，种植多种花

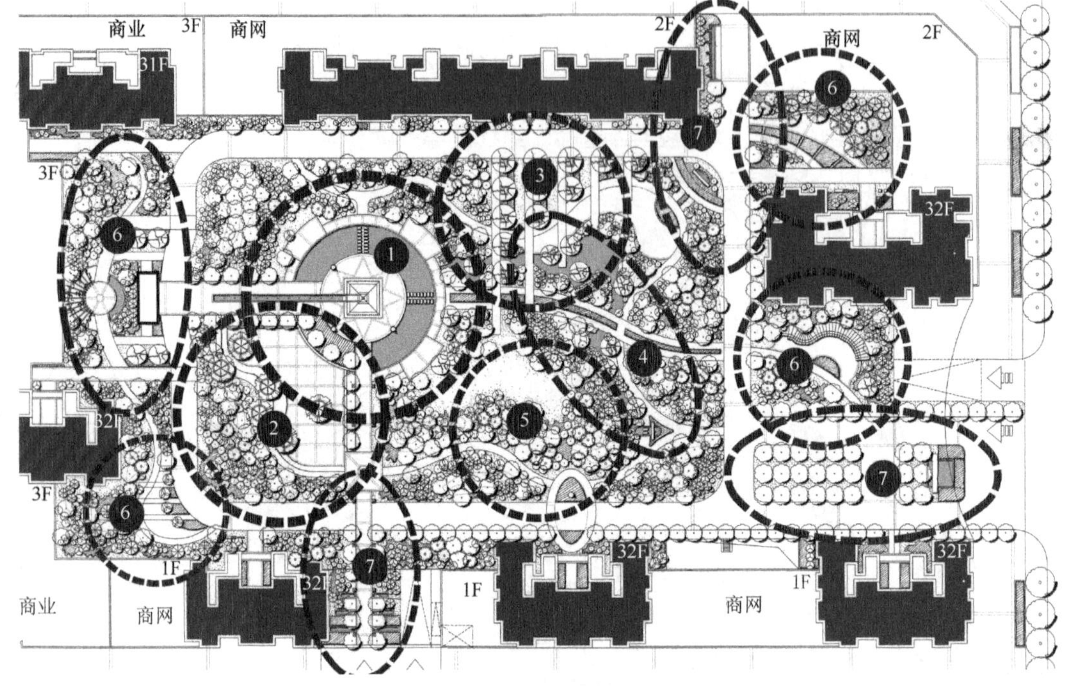

图 10-29　项目植物配置规划分区示意

注：景观规划将整个场地分为几大区域，不同的区域进行了针对性的种植规划。

1—中心景观区　2—儿童活动区　3—树阵广场区　4—特色水景区　5—中心草坪区　6—特色广场区及休闲广场区　7—入口区

卉以加强装饰效果；儿童活动区主要表现自由活泼的气氛，以种植围合出休闲的下沉广场空间，以高大的孤植乔木形成良好的遮阴效果，此区主要表现夏季景观特色，可选择多种夏秋开花的植物，同时为了保证儿童的安全活动要求，不能选择有异味或带刺的植物；树阵广场区主要为老人活动区，种植设计根据景观的布局以规则式与自由式相结合，营造一种安静悠闲的气氛，该区以表现秋景为主，选择了多种秋色叶植物来加强季相特征；特色水景区表现多种滨水植物景观，要注意多种水生植物的选择和搭配；中心草坪区主要表现舒适自由的开敞景观，设计以群落式种植来围合大面积的草坪区，该区以表现春季景观为主，草坪周边选择多种春天开花的植物，形成春花烂漫的特色景观；特色广场区及休闲广场区种植设计主要表达自由休闲的气氛，满足居民的休闲要求，由于这些区域位于庭院的角落距离建筑较近，因此可以冬景为主以形成良好的景观氛围并装饰建筑的立面；入口区是展现小区形象的主要载体之一，种植设计以规则的形式与景观设计相呼应，注意树阵和整形绿篱的运用以加强装饰效果。

方案经过甲方确认之后，就可以进入扩初或施工图的设计了，施工图阶段的种植设计要尽量明确每一株植物的准确位置，对于地被植物等则要明确其种植的范围，如图 10-30 所示为

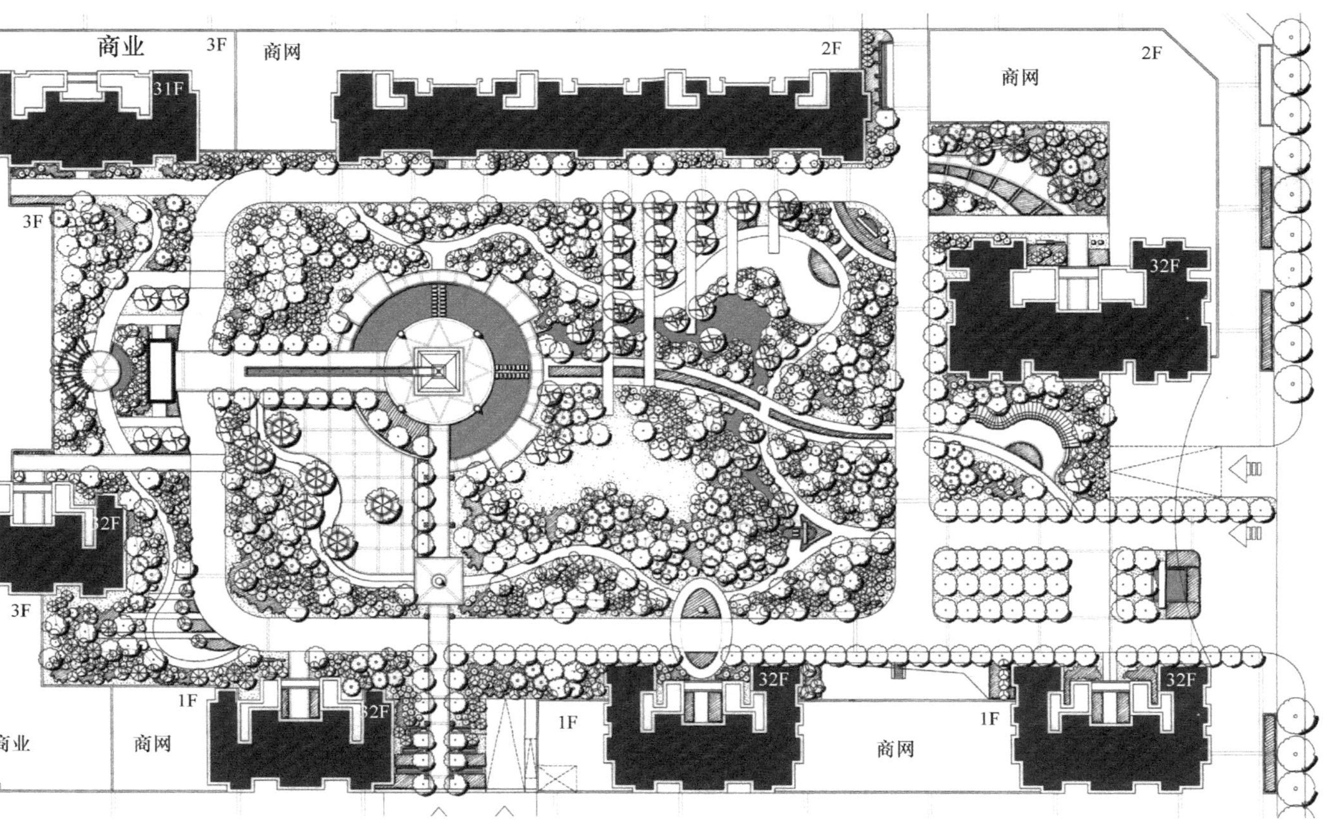

图 10-30　项目植物配置总平面图

注：此种植设计总平面展示的是种植设计的详细平面图，目的是为了说明种植设计的深度，并不是严格意义上的施工图，该图一是缺少了放线及种植标注部分，二是为了阐述植物的组合关系，没有将乔木、灌木、地被植物等分层设计出图，三是没有必要的图框及相关说明文字等。

最终完成的种植总平面图。此外，注意在实际施工图中的植物苗木表里对于所有植物的规格，如乔木的高度、胸径、树冠、枝下高、主枝数等，灌木的冠幅、高度、主枝数等，地被植物的分枝数等都要有详细的规定，在施工说明里对于施工的细节技术方法等也都要有详细的说明。

为了详细地说明每一个区域种植设计的细节考虑，设计者需根据方案的景观节点分布将庭院特色广场区、儿童活动区、中心广场区、中央景观轴、树阵广场区、特色水景区、休闲广场区、及主次入口区等分别阐述，其中每一部分都会结合放大平面图和透视图说明植物配置的原因、功能和最终的实际效果，如图 10-31 ~ 图 10-52 所示。实际上透视图部分应该在方案阶段就展示出来，但由于该透视图是基于详细的方案的基础所绘，虽然在细节的种植上会有一些差别但主要种植形式出入不大。为了避免图的重复，因此将透视图结合放大平面部分共同论述，以更好地说明种植细节的设计问题。另外，项目还会涉及部分建筑配套设施如变电箱、地下采光井等构筑物，设计在概念及方案阶段就进行了详细的考虑使其避开节点景区，而在种植设计的阶段则结合地形设计等处理手法将之进行有效的遮挡，因此在具体设计中就不再赘述。

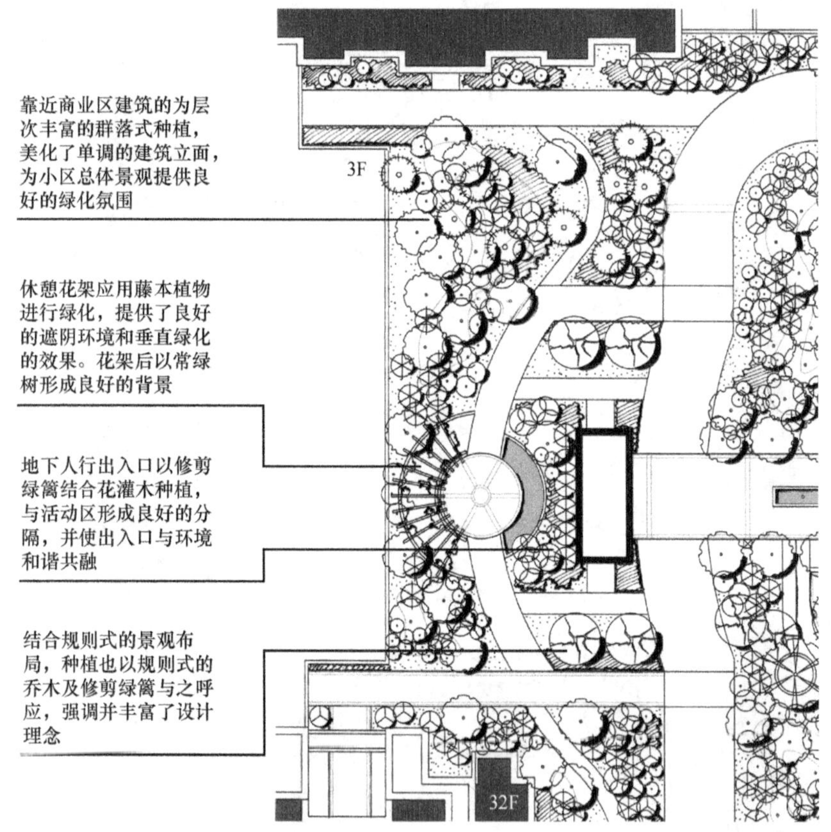

图 10-31　特色广场区放大平面

注：该广场植物配置涉及了与弧形水池、花架、雕塑、园路及地下人行出口构筑物的综合搭配。

图 10-32　特色广场区透视效果

注：该透视与最终施工平面图相比，人防出入口前应用的是规则修剪的色块以使场地的空间更加开阔，而实际施工图则增加了小乔木及灌木等加强了遮挡效果。

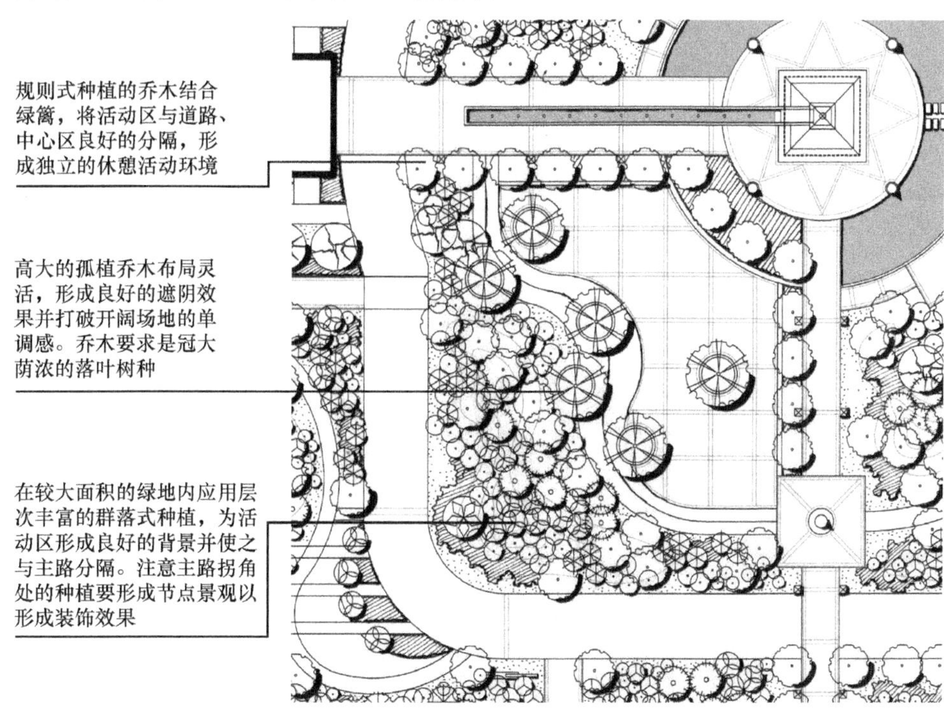

规则式种植的乔木结合绿篱，将活动区与道路、中心区良好的分隔，形成独立的休憩活动环境
高大的孤植乔木布局灵活，形成良好的遮阴效果并打破开阔场地的单调感。乔木要求是冠大荫浓的落叶树种
在较大面积的绿地内应用层次丰富的群落式种植，为活动区形成良好的背景并使之与主路分隔。注意主路拐角处的种植要形成节点景观以形成装饰效果

图 10-33　儿童活动区放大平面

注：该区域植物配置涉及与种植池、活动广场及大台阶等硬质景观的搭配。

图 10-34 儿童活动区透视效果

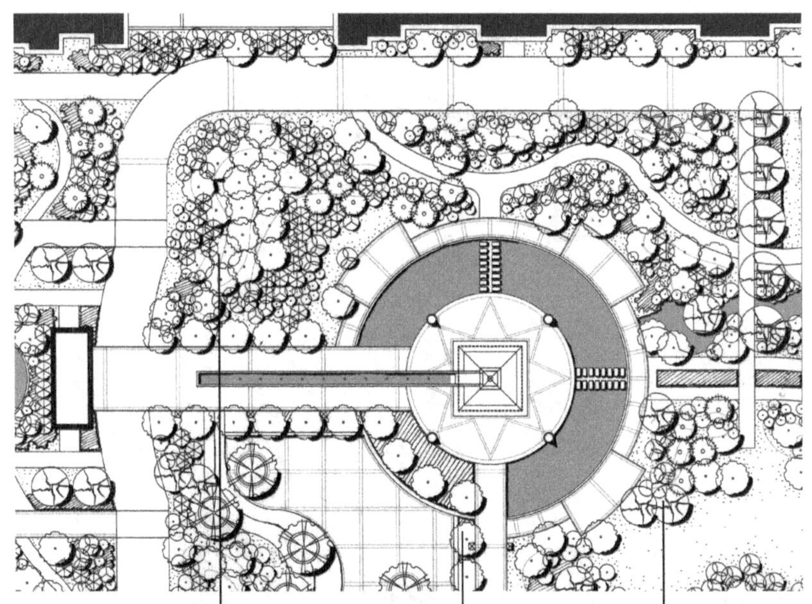

周边较大面积的绿地应用层次丰富的群落式种植为中心区形成良好的背景并使之与主路分隔。注意主路拐角处的种植要形成节点景观以形成装饰效果

规则式种植的乔木结合绿篱将中心区与儿童活动区很好地分隔，形成相对独立的休憩活动环境。主轴线高大的乔木起到较好的框景作用。注意乔木配置充分考虑了与小品的间距

该侧相邻草坪区，因此种植栽植了高大的乔木形成隔而不断的效果，应用了透景的设计手法

图 10-35 中心广场区放大平面

注：该区域植物配置涉及与景亭、规则式游泳池、雕塑小品及特色广场的搭配。

图 10-36　中心广场区透视效果

注：由于景亭的造型别致，透视图中的统一绿色背景很好地突出、强调了景亭的效果。

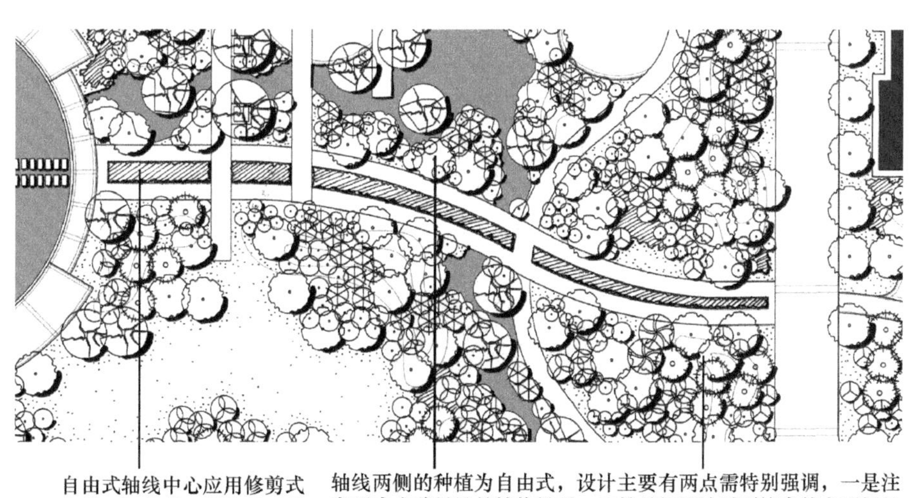

自由式轴线中心应用修剪式色带，既保持了轴线的开敞性又丰富了景观效果

轴线两侧的种植为自由式，设计主要有两点需特别强调，一是注意形成步移景异的植物景观；二是具体设计时要注意结合两侧的水景和草坪区，将通透性与私密性相结合以形成丰富的空间变化效果

图 10-37　中央景观轴放大平面

注：该区域植物配置主要是展示了自由式轴线中心花带及两侧的植物配置。

图 10-38　中央景观轴透视效果

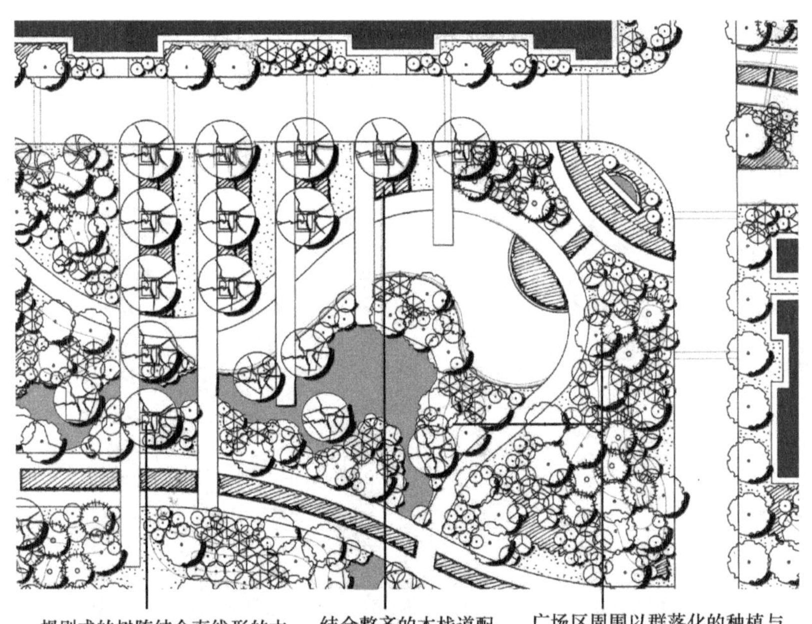

规则式的树阵结合直线形的木栈道及自由式的广场设计，形式活泼、功能完善。广场在夏季为良好的封闭空间，在冬季则成为半开敞空间

结合整齐的木栈道配置了整形绿篱，强化了装饰作用，丰富了设计理念

广场区周围以群落化的种植与主路分隔，为广场营造了独立的幽静环境，形成了老年人的集中活动区，滨水一侧同样运用疏密有致的设计原则

图 10-39　树阵广场区放大平面

注：该区域植物配置涉及规则式树阵、植物与园路、广场、自由式水景的搭配。

图 10-40　树阵广场区透视效果

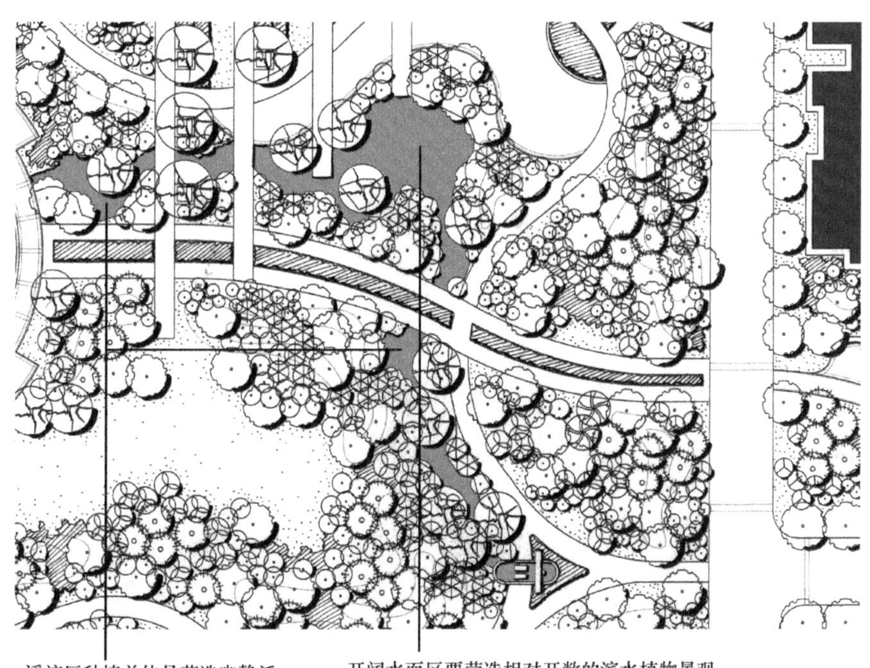

溪流区种植总体是营造幽静活泼的滨水植物景观，种植应特别注意植物层次及驳岸与各种水生植物的搭配
开阔水面区要营造相对开敞的滨水植物景观，水边植物层次明显以形成优美的水中倒影。水中设置了岛屿，并种植了一株株大乔木结合各种灌木来丰富滨水空间

图 10-41　特色水景区放大平面

注：该区域植物配置主要涉及与水溪及湖面的搭配，内容包括不同形式驳岸和宽窄不一的水面的植物配置。

图 10-42　特色水景区透视效果

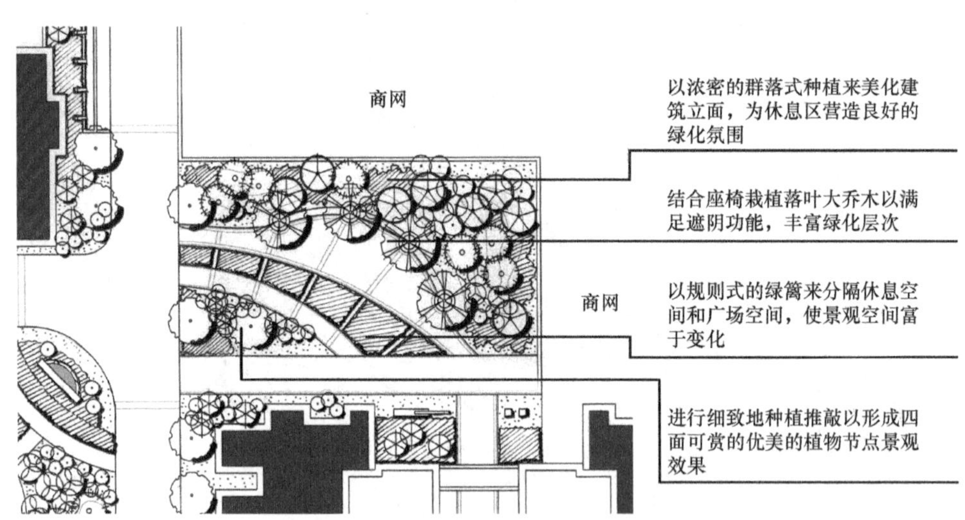

商网
以浓密的群落式种植来美化建筑立面，为休息区营造良好的绿化氛围
结合座椅栽植落叶大乔木以满足遮阴功能，丰富绿化层次
商网
以规则式的绿篱来分隔休息空间和广场空间，使景观空间富于变化
进行细致地种植推敲以形成四面可赏的优美的植物节点景观效果

图 10-43　休闲广场（一）放大平面

注：该区域植物配置主要涉及与树池座椅及特色铺装的搭配。

图 10-44　休闲广场透视效果（一）

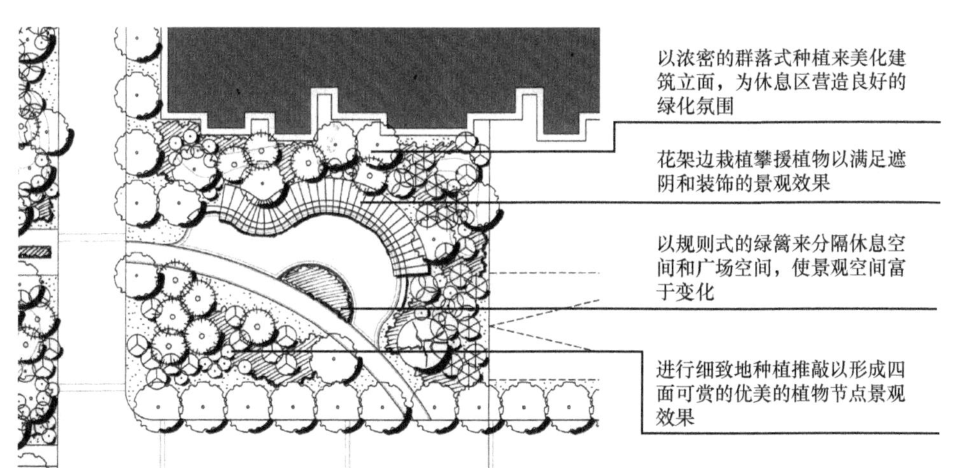
以浓密的群落式种植来美化建筑立面，为休息区营造良好的绿化氛围
花架边栽植攀援植物以满足遮阴和装饰的景观效果
以规则式的绿篱来分隔休息空间和广场空间，使景观空间富于变化
进行细致地种植推敲以形成四面可赏的优美的植物节点景观效果

图 10-45　休闲广场（二）放大平面

注：该区域植物配置主要涉及与造型廊架及自由式广场的搭配。

图 10-46 休闲广场透视效果（二）

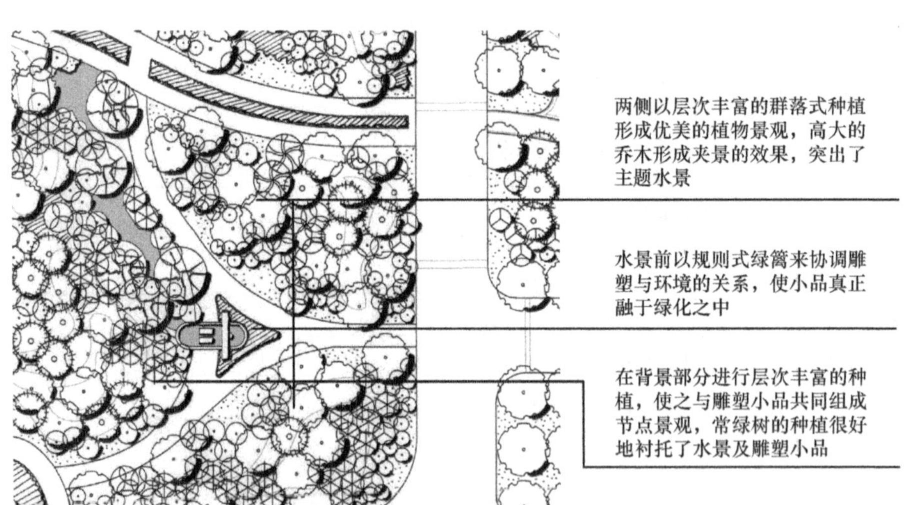

两侧以层次丰富的群落式种植形成优美的植物景观，高大的乔木形成夹景的效果，突出了主题水景
水景前以规则式绿篱来协调雕塑与环境的关系，使小品真正融于绿化之中
在背景部分进行层次丰富的种植，使之与雕塑小品共同组成节点景观，常绿树的种植很好地衬托了水景及雕塑小品

图 10-47 入口水景区放大平面

注：该区域植物配置主要涉及与特色水景、雕塑及园路的搭配。

图 10-48　入口水景区透视效果

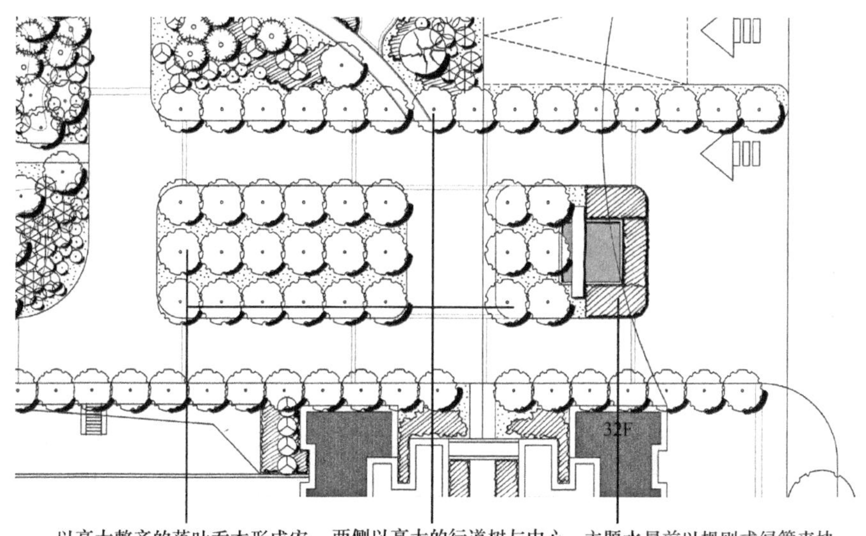

以高大整齐的落叶乔木形成宏伟壮观的树阵作为绿化的骨架及主题水景墙的良好背景，很好地突出了主入口的气势，形成独具特色的入口景观

两侧以高大的行道树与中心区的树阵相呼应，达到了遮阴效果并起装饰两侧建筑的作用，进一步突出了入口景观的气势，使入口植物景观协调统一

主题水景前以规则式绿篱来协调雕塑与环境的关系，使小品真正融于绿化之中，使造型水景墙的点题作用更加显著

图 10-49　主入口景区放大平面

注：该区域植物配置主要涉及入口广场、标志景墙及水景的搭配。

图 10-50　主入口景区透视效果

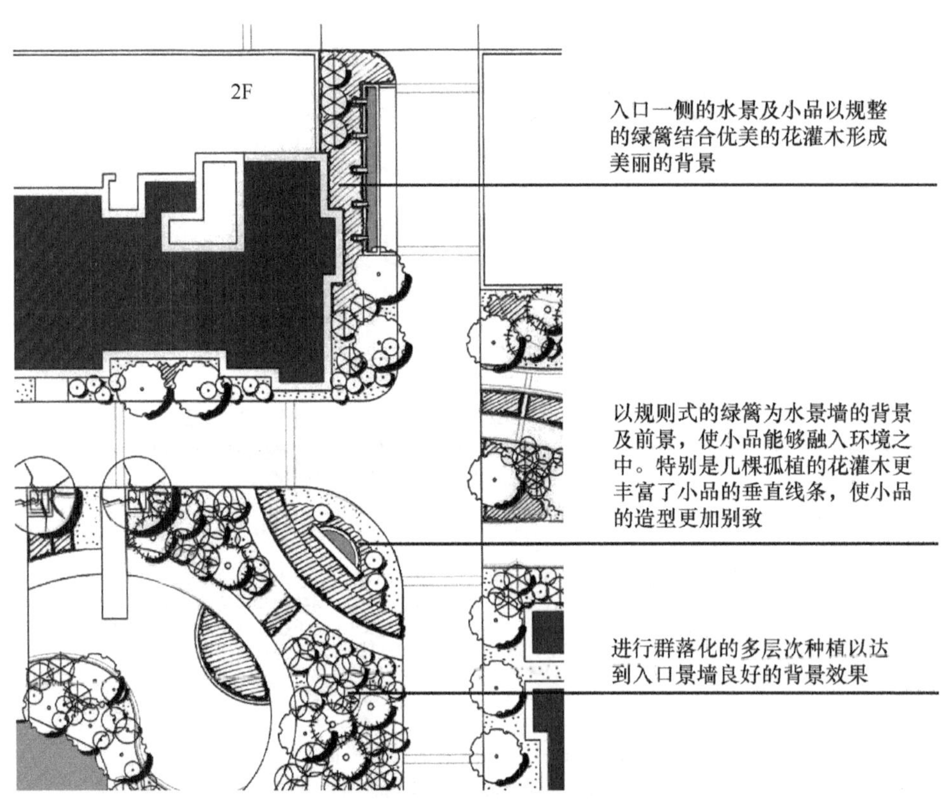
2F
入口一侧的水景及小品以规整的绿篱结合优美的花灌木形成美丽的背景
以规则式的绿篱为水景墙的背景及前景，使小品能够融入环境之中。特别是几棵孤植的花灌木更丰富了小品的垂直线条，使小品的造型更加别致
进行群落化的多层次种植以达到入口景墙良好的背景效果

图 10-51　次入口景区放大平面

注：该区域植物配置主要涉及与标志水景墙的搭配。

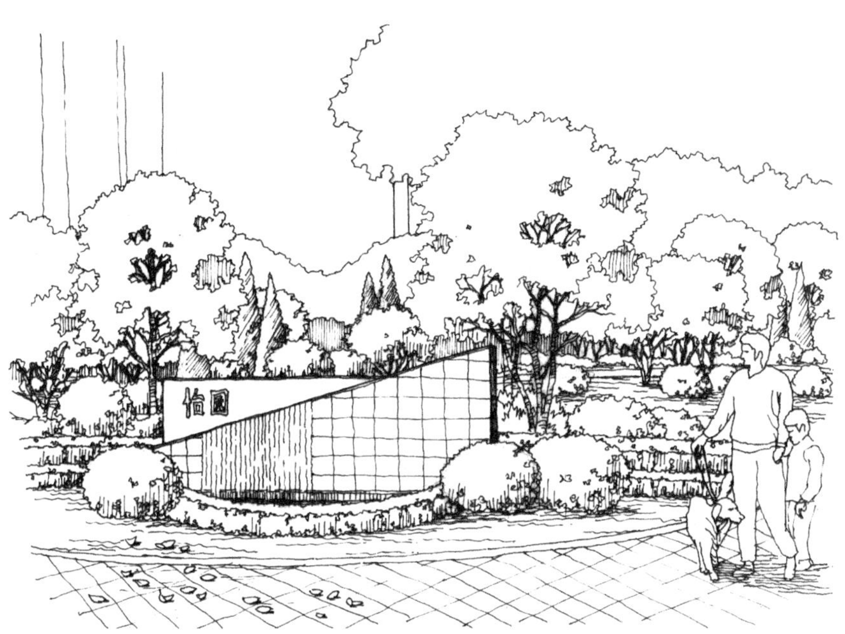

图 10-52 次入口景区透视效果

参考文献

[1] 余树勋．植物园规划与设计［M］．天津：天津大学出版社，2000.
[2] 建筑设计资料集编委会．建筑设计资料集3［G］．北京：中国建筑工业出版社，1995.
[3] 苏雪痕．植物造景［M］．北京：中国林业出版社，1994.
[4] 孙筱祥．园林艺术与园林设计［D］．北京：北京林业大学，1983.
[5] 余树勋．园林艺术与园林设计［M］．北京：科学出版社，1987.
[6] 黄晓鸾．园林绿地与建筑小品［M］．北京：中国建筑工业出版社，1996.
[7] 薛聪贤．景观植物造园应用实例［M］．杭州：浙江科学技术出版社，1998.
[8] 计成．园治注释［M］．陈植，注释．北京：中国建筑工业出版社，1988.
[9] 彭一刚．中国古典园林分析［M］．北京：中国建筑工业出版社，2003.
[10] 陈从周．说园［M］．济南：山东画报出版社，2002.
[11] 毛培琳．水景设计［M］．北京：中国林业出版社，1993.
[12] 陈有民．园林树木学［M］．北京：中国林业出版社，1988.
[13] 唐学山．园林设计［M］．北京：中国林业出版社，1997.
[14] 赵春林．园林美学概论［M］．北京：中国建筑工业出版社，1992.
[15] 周维权．中国古典园林史［M］．北京：清华大学出版社，1990.
[16] 刘敦桢．苏州古典园林［M］．北京：中国建筑工业出版社，1978.
[17] 童寯．江南园林志［M］．北京：中国建筑工业出版社，1984.
[18] 胡长龙．城市园林绿化［M］．北京：中国林业出版社，1993.
[19] 周武忠．园林美学［M］．北京：中国林业出版社，1996.
[20] 黄金锜．屋顶花园［M］．北京：中国林业出版社，1994.